设计的口袋书

装订
图鉴

日本《设计的抽屉》编辑部 编著

邓楚涵 译

上海人民美术出版社

序言

当我们想制作一本书或是册子的时候，比起纸张和印刷方式，最难选择的也许是装订方法。当被问到选择何种装订方式时，我们往往只能想到"平装书""精装书"这些最基本的形式。虽说选择这些基本的，或是沿用过去的装订方式无可厚非，但不可否认的是，也许这个世界上存在着一种这一本书的最佳装订方式。

180°平摊装订、裸脊锁线装订、半透明胶装、德式装订、传统线装装订、封面看不到圈的圈装装订、账簿装订、使用纸捻的骑马订等等，日本现如今可以做出来的装订方式多种多样。因此本书将装订方式进行细分，并介绍其中的 91 种方法。

每项方法均配以照片和文字进行介绍，此外还尽可能包含如大致成本、制作公司等实际操作中的相关信息。但这些装订小情报仅限于本书日文版出版之时（2023 年 7 月）。随着时光流逝，相关情况难免发生变动，请读者留意。

真诚期盼本书能被用作装订口袋书，让书籍设计师可以活用各具特色的装订方法，让书籍以更合适的形式面世。

2023 年 7 月

《设计的抽屉》编辑部

※ 本书是将刊载在《设计的抽屉 41》（《デザインのひきだし 41》）上的文章《通过照片和图解简单了解装订大图鉴》的内容更新，并增加一部分新的项目而编成的。

目　录

第 **1** 章
精装书及其分类

第 2 章
平装书及其分类

第 5 章

圈装及其分类

第 6 章

传统线装及其分类

第 7 章

书口加工

阅读本书必备的
基础知识

记住书籍各个部分的名称吧！

在大多数情况下，本书不对书籍的各部分名称加以解释说明。因此，提前记住书籍各部分的名称，将帮助读者摆脱"这个词指的是什么？"之类的困惑，从而能更好地理解和把握本书的内容。

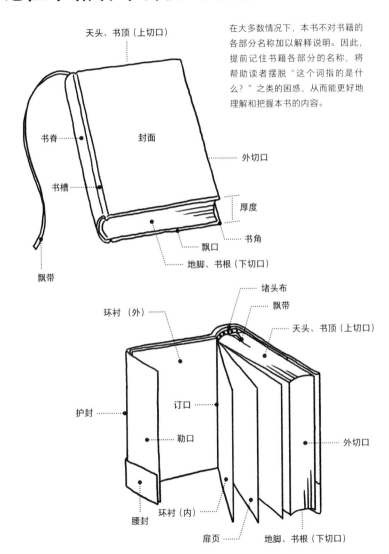

天头、书顶（上切口）

书脊

封面

外切口

书槽

厚度

书角

飘口

地脚、书根（下切口）

飘带

堵头布

飘带

环衬（外）

天头、书顶（上切口）

护封

订口

勒口

外切口

腰封

环衬（内）

扉页

地脚、书根（下切口）

装订的基本原理

虽然统称为"装订"，但书籍、小册子、

文具用品等的装订方式不尽相同。

为了给自己的作品挑选适配的装订方式，

我们需要从头开始梳理装订的方法，充分理解装订的基本原理。

因此，本节将通过图解简单介绍装订中最基础的内容。

首先，装订到底是什么？

装订的共同点

首先，装订到底是什么？词典中的解释是："装订是指将原始印张折叠，并按顺序排列整齐后，利用线、铁丝、黏合剂等同封面一起装订成册。"

没错，虽说装订成册后的书籍或册子有着各式各样的面貌，但它们大体经过了同样的流程——"折叠"全张纸，按顺序进行"配页"，并通过各种方式进行"装订"，最后漂亮地"裁切"掉多余的部分。

以上这4道工序实施的方式具有相当丰富的变化。根据不同的用途、目的和设计想法，选择和组合不同的装订工序，能够创造出装订设计方式不同的书籍。顺便提一句，根据装订需要的不同，有时"裁切"会先于"装订"，有时"裁切"之后才会加上封面，但大体都要经过以上这几道工序。

其中，"装订"是最为关键的部分。

很多时候，装订方式会决定前道工序中"折叠"和"配页"的方法。

书籍装订种类超多！

那么，书籍的装订方法到底有多少种呢？简单来说大致有以下几种：线装、胶装、骑马订、缝纫机线订、圈装订，以及用绳子或线捆绑等。

这6种装订方法，会随着书本各个部分（例如封面、内容格式）的变动产生各种各样的变化。

在了解装订的变化之前，我们需要了解更为基础的知识，那就是"装订的种类"。比如，最基础的有以下3类方式：精装书（封面比书芯稍大一圈，较为坚硬），平装书（封面和书芯同样大小，稍厚），骑马订（封面和书芯重合，整个书背被类似订书针的铁丝打穿）。在这3类的基础上，工序或增或减，衍生出了不同的装订方式。本书介绍了91种日本当下流行的装订方式。

那么，在如此丰富多彩的装订方式中，如何挑选出最合适的一种？

每一种装订方式都有着各自的特征。例如，有些装订方式可以使书平整地摊开呈180°，有些装订方式能够使书籍变得更为牢固，这些是在强调装订方式的"功能性"。又例如，有些装订过的封面相当轻盈纤薄，而有些装订设计故意裸露书芯，像是想呈现出装订的过程一般，这些方式是在突出装订的"设计感"。选择装订方式时，需要综合考虑功能性和设计感，并在实际操作中兼顾预算和日程。而如何巧妙地选择合适的装订方式，需要我们对每种装订方式的特征都了然于心。

为了让读者能够充分了解各种装订方式的特点，本书从第14页开始介绍书籍装订的基础知识，从第25页开始根据具体特征分类介绍各种装订种类，本书的最后还会介绍几乎全手工的账簿装订的具体工序。

［折叠］

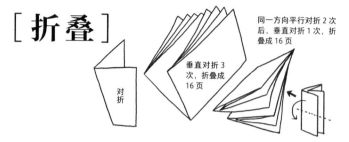

对折

垂直对折 3 次，折叠成 16 页

同一方向平行对折 2 次后，垂直对折 1 次，折叠成 16 页

一般来说，书籍的正文内容都是先一次性在全张纸上印刷多页，再对其进行折叠。折叠方式根据装订方式的不同而不同。书籍和杂志一般是将印刷完成的纸张按照垂直→水平→垂直的顺序折叠成 16 页或 32 页。迷你的文库本等印刷品一般是在同一张纸上印刷 64 页。而印刷手账、笔记本这一类产品时，为了使跨页的画线格保持水平，一般只进行垂直折叠。像这样，根据需求的不同，折叠全张纸的方法也有不同的选择。

［配页］

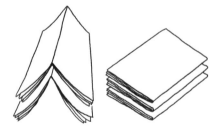

这道工序，指的是将折叠后的书页（书帖），按页码及版面进行配页（也称"配帖"）。配页出错称为"错页"，书页遗漏称为"缺页"。配页的方式会根据装订类型发生变化。比如，平装书和精装书的书页（书帖）是按照页码的顺序排列的，但骑马订是将书页按倒 V 字的形态，从正文的最中间开始按顺序往上叠放，最后叠上封面。就像这样不同装订类型，配页的方法会产生变化。

［装订］

缝纫机线订

线装

胶装

骑马订

完成配页后的书帖，终于等到了装订的环节。装订的方法多种多样，大致可以分为线装、胶装、骑马订、缝纫机线订、圈形装订，以及用绳子或线捆绑等。当然，这些方式还能继续细分。比如胶装，可以根据黏合的方式分为"无线胶装"和"网代胶装"[1]，也可以根据使用的胶水种类分为 EVA 热熔胶（多单称热熔胶，以下简称EVA）装、PUR 热熔胶（以下简称 PUR）装等。

1 网代胶装（あじろ綴じ）：日本人发明的一种胶装方式，由无线胶装衍生而来。

［裁切］

书帖装订成册之后，需要裁去四周冗余的部分，形成整齐美观的切面。大多数情况下是先裁切书芯，再贴上封面。异形绘本等也是在这个节点利用金属的模具裁出整本书的形状。

像精装书这种，封面在最后阶段不用裁切，书就做好的情况是：只要把书芯装订好，裁切干净，再把事先制作好的封面和书芯合在一起，就大功告成了。

什么是精装书？

首先，介绍一下书籍装订的类型之一，精装书。它又被称为"硬皮书"。

正如其名所示，精装书的封面十分坚固，

比书芯部分整整大出一圈。

根据各种细微处的不同，精装书又可以做出各种不同的形状。

精装书经常被用来制作小说的单行本、豪华的写真集等。它最大的特征是：①封面比书芯稍大一圈；②封面一般都坚挺且美观。精装书又被称为"硬皮书"，它的做工高级而气派，同时又比较坚固，是一种比较适合长期保存的装订方式。

精装书由几个部分构成，根据每个部分制作方式的不同，书籍成品的样貌及使用方式会有所区别。

精装书的基本结构如第 17 页图所示，每个部分有着不同操作方法。

例如，把书帖装订成册的方法就有线订和胶装两种。其中，胶装又能细分成两种，分别是"无线胶装"和"网代胶装"。此外，书脊的形状也有圆形、方形等多种选择。书芯和封面的贴合方式不同，书籍展开的效果也各不相同。此外，封面的设计也会大大地影响书籍整体的设计风格。

本书第 17 页至第 19 页详细介绍了书籍各个部分基础的装订方式，请认真阅读。

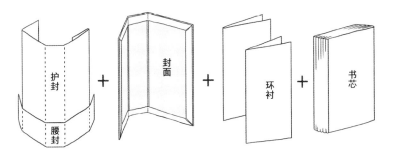

护封

腰封

+

封面

+

环衬

+

书芯

○ **基本结构** 　将经过折叠、配页后的书芯和已经准备完成的封面进行连接。连接的方法是：首先，将贴在书芯书脊上的上浆纱布等贴在封面上（也有无须此道工序的情况），接着贴上一层环衬。按这种方式制作完成后，最后将书芯包上护封或腰封就大功告成了。

制作书芯

在一整张大纸上提前印刷好书籍内文，然后将它折叠，可折叠成8页、16页、32页等。将书页按顺序配页，装订好书脊。现如今的主流装订方式有两种：串线和上胶。

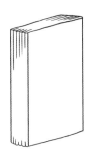

串线

书芯的每一帖都用线穿过，与下一帖串联在一起。因为书芯经过串线，所以成品会很牢固。这种装订方式的另一个优势是便于开合。

上胶

用胶水将纸张固定在书脊上。将书帖的书脊裁去些许，使书芯成为散页。在此基础上用胶水将其固定，即"无线胶装"（右图之左）。顺着折痕车线，在其中渗入胶水，使全书紧紧黏合，这就是"网代胶装"（右图之右）。

○ 书脊的形态

[方脊]

平整利落的方脊。

[圆脊]

稍带曲线的圆脊。外切口处的书芯也会有相同程度的凹陷。

○ 封面的书脊与书籍书芯的关系

[腔背]

书芯和书脊之间有空隙，书翻开的话，书脊处的书芯会鼓起来。

[硬背]

书芯和书脊紧紧贴合。和腔背相比，书页较难翻阅。

[柔背]

书芯与书脊虽然也是紧密贴合，但书脊是柔软的，书页比腔背更容易翻阅。

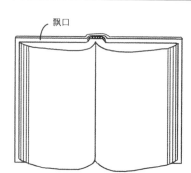

飘口

○ 飘口

一般而言，精装书的封面比书芯要大上一圈。这种封面与书芯相差的部分称为"飘口"。飘口通常为3mm，大小可以进行调整。

○ 制作封面

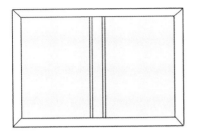

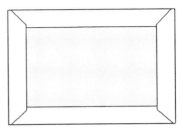

这是常见的精装书的封面。封面、书脊、封底一共有 3 个内芯材（荷兰板），用印刷后的纸或装帧纸将它们包裹起来。也有的书会改变内芯材的厚度，或者不添加内芯材来制作封面。

将较厚的纸脱模后，四边折叠上胶。这种封面常用于仿法式装订的书籍。

用一块完整的厚纸作封面。精装书很少采用这种封面来制作，使用时该封面被称为"无双封面"。

○ 堵头布和飘带

精装书的书脊上方有个部分被称为"堵头布"。堵头布原本是在书脊处用彩色丝线等缝订，使书本更加牢固的同时，也可作为装饰存在。现在，堵头布已经渐渐形式化，成了单纯的装饰品。"飘带"即书签带，通常一本书只有一根，但是也可以装好几根，长度一般超过书的对角线。

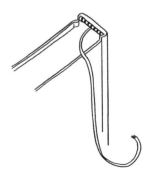

什么是平装书?

又称简装书。用一张厚纸作为封面，特征是封面与书芯大小一致。
本书也是平装书（但书脊处是特别的）。

平装书常用于小说之类的单行本，本书也是单行本。漫画、实用类书籍、女性杂志等亦广泛采用平装形式。其显著特征为：①封面为一张厚纸；②书芯和封面大小一致。平装书和精装书相比较为简易，它是现代书籍最主流的装订方式。

平装书有许多部分，通过它们的组合变化可以实现书的形态变化，但肯定无法与精装书的丰富度相比。

平装书书芯的书脊基本上是用胶水固定的。胶水的固定方式有两种：一是切下些许书芯订口的书脊，使之成为散页后再在书脊处上胶的"无线胶装"；二是在订口的书脊折痕上车线，再将胶水涂抹渗透到其中的"网代胶装"。使用的黏合剂也有多种，如一直以来常用的 EVA，以及牢固度高、薄薄一层就能牢牢固定书脊的 PUR 等。

封面多使用一张完整的纸张，也有两端折起来的"包边封面"等其他的装订形式。接下来让我们一起了解平装书各部分的基础变化吧。

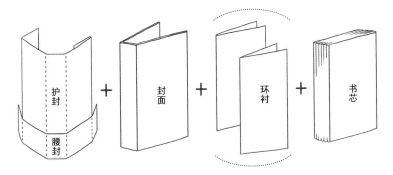

护封 + 封面 + 环衬 + 书芯

○ **基本结构**　将全张纸折叠、配页后再加上封面，最后将书芯和封面一起切去书口（最终裁切）就完成了。环衬则可加可不加。因为封面与书芯单靠书脊上的胶水就能结实地粘在一起，从功能上来看没有环衬也能成一本书。加上护封、腰封，一本平装书的制作就大功告成了。

(制作书芯)

在全张纸上按照印张，印上正文，将其折叠。可将一张纸折成 8 页、16 页、32 页等，依次配页，装订好书脊。装订方法分为"无线胶装"和"网代胶装"两种。

用胶水固定

在书脊上涂胶水固定纸张的方法有两种。将订口处的书芯稍作裁切，使之成为散页后再上胶，这种被称为"无线胶装"（上图）。在书帖的对折处打出缺口，再将胶水涂抹渗透到其中的是"网代胶装"（下图）。

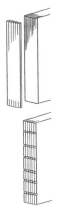

(连着封面裁切)

平装书的封面和书芯是同样大小的。因为书是在书芯装上封面之后再裁切书口的。也正因此，平装书基本是不能装飘带的。但可以通过固定书芯时在书脊上粘上飘带，或是在封面内侧粘上飘带，再贴合书芯和封面，最后裁切时只切下切口和外切口，不切上切口。这种方法被称为"不切天"。

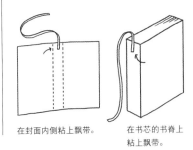

在封面内侧粘上飘带。　在书芯的书脊上粘上飘带。

什么是骑马订？

册子在打开的状态下，用订书钉等订入书脊的装订方式
就是骑马订。在实际装订中，由于成本相对低廉，
它经常被用在手册或杂志等的装订上。

骑马订常被使用在青年漫画、杂志、手册等的装订中。其特征是将纸张对折后重叠起来，在书脊上订入订书钉，使内侧的订书钉两端闭合。因为这种装订方式工序比较少，可以快速成书，所以是适合量产的装订方式。

骑马订也有数个步骤，每个步骤都需要在装订机的逆 V 字线上，按照页码整理好书芯，加上封面，最终订入订书钉。虽说只是订书机订一下这么简单的操作，但在这之前的步骤

并不少于精装书和平装书。在简单构造中的巧思也可以是各种各样的。将封面的两端折起来，或是做成比书芯短的样式，或是改变封面和封底的尺寸，使之变成非对称的设计，这些都是很容易做到的。虽说有一定限制，但书芯也可以做成左右双开，或是插入高低不一的页数。为了使骑马订的订书钉能够穿过两孔活页夹，它也可以被做成凸起来的小眼形状。

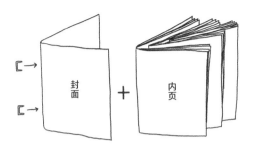

○ 基本结构

将拼版好的纸张折叠成逆V字状，最后叠上封面，在折叠处订入订书钉。有时也存在不需要环衬和额外的封面，正文最外面的一页就是封面的情况。

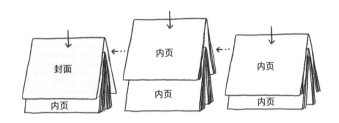

○ 叠合折手

骑马订与精装书、平装书的最大区别在于折手的方式。

书帖呈逆V字状，册子最中间的页码放在最下方，不断叠放，最后放上封面。

○ 内外页的尺寸差异

骑马订需要在书芯最中间的地方开始折叠，所以最里面的书页与外面的书页在左右边距上会产生大小差异。如果想要将书籍的余白等部分严格对齐的话，有必要制作样本来精确把握尺寸差异。

订书钉的数量、颜色、形状

书脊上订入的订书钉一般是金属的，颜色有银色或铜色。订入的数量根据册子的大小而定。但有时其间隔也可以指定。常规骑马订的订书钉是能平整贴合书脊的，但也有为了放入两孔活页夹的订书钉形状（通常使用该订书钉的骑马订被称为"蝴蝶订"，详见第96页）。

小眼

常规

第 1 章

精装书
及其分类

精装书

常见于文艺类书籍，也被称为"硬装书"
根据装订方法和书脊的形状、状态的不同，
牢固度和开合都有所差异。

精装书是指有着比书芯大一圈的硬质封面和飘口的书。因为其封面非常硬实，给人一种高级、品质上乘的感觉。

精装书的书脊等部分填充有加固材料，制作工序比平装书多。首先，需要将印刷好的全张纸折叠后做成书帖，然后按照页码顺序进行配页。精装书的书芯有许多装订方法。在网代胶装或是无线 PUR 胶装的情况下，将固定好的书背再一次用胶临时固定住，这称为"临时固定"。书芯进行锁线胶装时，需要先将配好的帖按顺序串线后，再进行临时固定。临时固定工序完成后的书芯需要按照最终成书的尺寸对书口进行裁切。圆脊的书籍则需要在做出书耳后，在书脊上贴上上浆纱布、堵头布等部件进行书脊加固。

与书芯的做法不同，封面在制作的工序中需要加入荷兰板等有芯材的坚挺纸张，再将其贴合在书芯上，最后在书脊两侧挤压形成书槽，就算大功告成。

○ 书脊的形状有两种

书脊的形状大致可以分为两种。左图带有直角、方方正正的是方脊，右图带有圆润感的是圆脊。方脊在书脊中也加入了荷兰板，使得书本更为坚固、牢靠，适合在内页数量多、书芯重量大的场景下使用。圆脊则因为订口有弧度，所以翻阅较为方便。

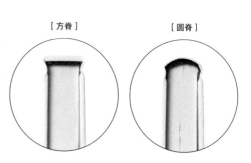

［方脊］　　　［圆脊］

○ 什么是精装书？

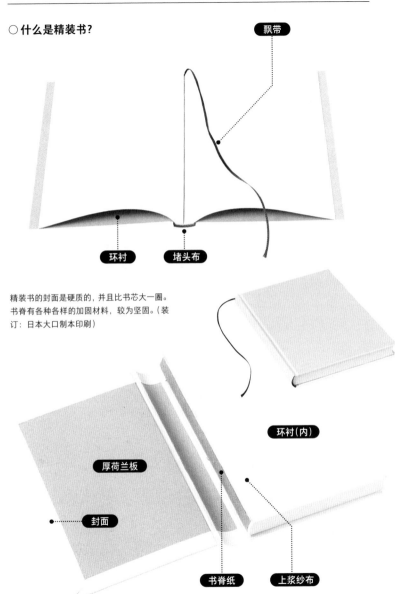

飘带

环衬　堵头布

精装书的封面是硬质的，并且比书芯大一圈。
书脊有各种各样的加固材料，较为坚固。（装
订：日本大口制本印刷）

环衬（内）

厚荷兰板

封面

书脊纸　上浆纱布

○ 书芯的 3 种主要装订方式

[锁线胶装]
将书芯的每一帖按顺序串线。

[网代胶装]
加工书帖时在订口的地方（靠近书脊处）打出被称为"网代"的洞，在其中填充黏合剂，使之渗透凝固。

[无线胶装]
帖排列好后将订口裁去 3mm 左右，再加上黏合剂固定。黏合剂有 EVA 和 PUR 两种。上图是用 PUR 固定后，卷起书脊纸的样子。

	坚固程度	成本	时间 (工期)
锁线胶装	◎	△	△
网代胶装	△	◎	◎
无线 PUR 胶装	○	○	◎

成本最低、工期最短的是网代胶装。无线 PUR 胶装比锁线胶装成本低、工期短，比网代胶装牢固。最为结实的是锁线胶装，但需要花费较多时间和成本。

○ 书脊的状态也有好几种

左图是书脊和封面紧贴在一起的硬背，右图是书芯的书脊浮在封面之上，容易开合的腔背。硬背比腔背难打开一些，但是更加牢固。（左图装订：日本大口制本印刷，右图装订：日本小林制本）

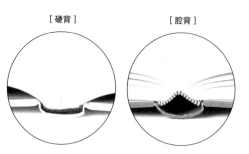

[硬背]　　　　[腔背]

○ 方脊与圆脊的封面也不同

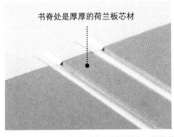

书脊处是厚厚的荷兰板芯材

方脊的封面。书脊部分贴有和封面厚度一样的荷兰板芯材，使书脊的棱角可以很清晰整齐地凸显出来。

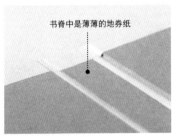

书脊中是薄薄的地券纸

圆脊的封面。书脊部分需要带有弧度，所以采用薄而柔软的地券纸 [1]。

---

1 译注：一种再生纸，可以理解为 500g 左右的薄型荷兰板。

（装订小情报）

■ **成本预测** | 根据书芯的装订方式不同，成本也会发生变化。请参考上一页。

■ **生产规模** | 适合量产。

■ **下单须知** | 精装书的书脊形状和状态充满了多样性，根据个人的选择，其坚固程度和开合的难易度、成本、工期都会有所不同。需要根据用途和内容来选择合适的类型。不同的装订公司能够制作的产品尺寸也不同，日本大口制本印刷的话，最多可以装订 A6~B4 大小的纸张。厚度则为圆脊 10~80mm，方脊 3~50mm。

■ **去哪里做？** | 可以制作精装书的装订公司。

■ **装订公司举例** | 日本大口制本印刷。

连脊精装书

把书脊和封面平坦的一部分连接在一起，
并用装帧纸、皮革或纸接起来贴在封面上的精装书。
除了封面以外，其他部分和普通精装书一样。

精装书的封面变化，可以通过在书脊到封面的一部分使用不同的材质连接来实现。这种封面被称为"连脊封面"。

精装书的封面，分为封面、封底和书脊这3个部分，使用的芯材也是3份。连脊精装书的情况下，书脊部分的材质连接这三者的芯材，在封面和封底的上方盖住少许，形成封面。

除了封面制作工序有所不同，连脊精装书其他的工序与普通的精装书相同（参照第26页）。

最近，连脊封面所使用的素材多为特种纸（fancy paper）或印刷过的纸张。也有使用装帧纸或皮革的。特别是过去的书籍有不少使用了后者这些材质。

（ 装订小情报 ）

■ **成本预测** | 封面比普通的精装书成本更高，其他与精装书无异。

■ **生产规模** | 基本上是量产类型，但也有的公司是手工粘贴封面的，所以也有适合小批量订制的情况。

■ **装订公司举例** | 日本博胜堂。

海绵精装书

精装书的封面触摸起来有点松软的感觉。
因为封面使用的芯材为聚氨酯等柔软的材质。

小小手掌事典系列（Graphic 社）是以新书尺寸（105mm×173mm）制作的小型精装书，封面是蓬松、柔软的聚氨酯材质。

把封面拆开就能看到里面是在普通的芯材上裹了一层柔软的聚氨酯。

海绵精装书的封面拿在手上会感到些许蓬松和柔软，从外观看也有些许圆润。因为封面使用的材质不是一般的荷兰板，而是聚氨酯等柔软的材料。比起追求性能，采用这种封面，主要还是希望让书看起来更可爱，摸起来更柔软。

制作精装书的封面时，一般使用的芯材是荷兰板，然后用纸或者装帧纸将其包裹起来。但用聚氨酯材质制作的封面，芯材使用的不是荷兰板，而是柔软的聚氨酯，从而营造出松软的质感。

除了封面以外，海绵精装书与一般的精装书制作方法相同。

> **（装订小情报）**
>
> ■ **成本预测**｜封面比普通的精装书成本更高。有时候还是手工制作，价格会更加可观。
>
> ■ **生产规模**｜封面基本是采用手工作业，所以可以小批量生产。
>
> ■ **装订公司举例**｜专门制造精装书的公司。

柔背精装书

**封面没有腰封且飘口很浅的
就是柔背精装书。书脊中不用荷兰板或地券纸，
它的特征是柔软且易于翻阅。**

柔背精装书常见于家庭收支簿或是日记本，乍一看像是平装书，实际上它们也是精装书。这种装订形式与普通的精装书较大的不同在于，封面是用一张柔软的纸做成的，规格一般是 32 开，135kg（中国的纸张克重表示方式与日本不同，详见第 204 页附录"纸张厚度以及中日纸张克重换算方法"）左右。普通的精装书，封面或书脊是塞有荷兰板或是地券纸的。但柔背精装书没有任何作为内部填充

物的东西，是将书芯直接粘在封面上的。黏合剂也使用了流动性很好的胶水，所以正如这种装订方法的名字——柔背精装书，其书脊是可以自由弯曲的，非常柔软。因此它也成为可以平摊的书籍之一。

这种装订本来是从重视性能的角度出发，为了家庭收支簿或是日记本之类的用途而诞生的。因为每天都需要反复开合记录内容，所以书芯采用锁线胶装能更耐用。

○ 一张封面包裹书芯

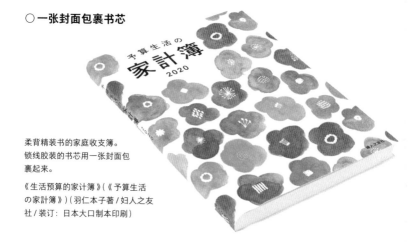

柔背精装书的家庭收支簿。
锁线胶装的书芯用一张封面包裹起来。

《生活预算的家计簿》（《予算生活の家计簿》）（羽仁本子著 / 妇人之友社 / 装订：日本大口制本印刷）

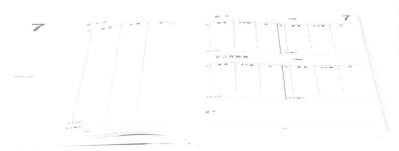

因为书脊很软，所以摊开摆放也不会闭合。

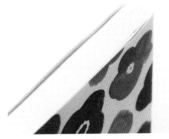

封面直接用胶水和书芯黏合，飘口非常浅。

环衬也是直接和封面粘在一起的。

装订小情报

■ **成本预测** │因为没有封面加工（粘贴荷兰板芯材的工序），比一般的精装书便宜稍许。

■ **生产规模** │因为是机械制造，所以适合量产。

■ **下单须知** │封面使用软纸是开合便利的必要条件，所以需要用 32 开，135kg 左右的纸。因此，飘口的部分容易折损，需要 OPP（定向聚丙烯薄膜）护边套的保护。因为这种装订方式是靠环衬保持牢固度的，所以环衬必须使用 32 开，100kg 以上的纸张。

■ **去哪里做？** │经营塑料封面精装书的公司。但是仅限于经营纸质的柔背精装书封面的公司，这一点要注意。

■ **装订公司举例** │日本大口制本印刷。

对折装订

所谓对折装订，是指将内页对折制成书本的方式。
这种装订的内页可以 180° 打开，常在追求方便书写的笔记本，
或是需要跨页展示的绘本中使用。

对折装订是指将内页按出版物顺序对折，将对折好的纸张进行配页，在订口处上胶后，再包裹封面的装订方法。在书芯上包裹封面的平装书，如果在订口处贴上上浆纱布或书脊贴纸等加固材料加固书脊之后，再做出书脊的圆润感和书耳，裹上另外制作的封面，就成了圆脊精装书。也有不做圆脊，保持书脊方正，包上封面就是方脊精装书。

对折装订（精装书）为了开合方便，包裹时封面并未与书芯的书脊完全贴合，而是将订口处贴有的上浆纱布的一端与封面的书槽相接，形成一打开书本，书脊就和封面分离的腔背，这是它最大的特征。因此这样装订的书籍可实现 180° 摊开。对折装订常被使用在追求书写便利的笔记本、需要通过跨页展示的绘本以及作品集等产品中。

笔记本常用 32 开，55kg 左右较薄的纸，如果想要像绘本一样做得非常牢固、坚挺，则需要用 32 开，160kg 左右的厚纸。可做的最大或最小尺寸根据是否需要量产而不同。需要量产的话可以制作 B6~A3，数量较少的话则是完全手工制作了，从 A10（26mm × 37mm）的袖珍本到 B2（515mm × 420mm）的大型本都可以制作。

封面可以做平装也可以做精装，上图是方脊精装书的对折装订的形态。

○ 在对折装订的书芯订口处涂胶制作

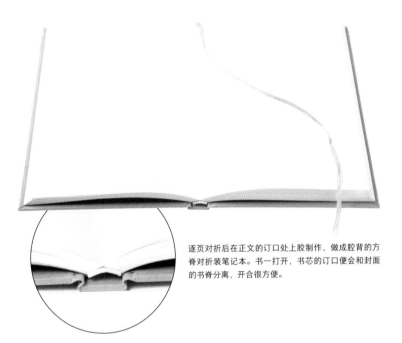

逐页对折后在正文的订口处上胶制作，做成腔背的方脊对折装笔记本。书一打开，书芯的订口便会和封面的书脊分离，开合很方便。

(装订小情报)

■ **成本预测** | 方脊精装书的成本是普通的精装书成本的 2.5 倍到 3 倍。圆脊精装书则会更贵。

■ **生产规模** | 量产或是小批量都可以。

■ **下单须知** | 纸张数量可能影响纸张的使用，在收集材料前需要和装订公司洽谈。封面、环衬、书芯希望用什么样的纸张，在某些方面有预期的话，会更容易得到专业的建议。书芯的纸张为 32 开，55~160kg。

■ **去哪里做？** | 同时经营精装书和手工书的公司。

■ **装订公司举例** | 日本美籇堂。

蝴蝶装（毕业相册装）

这种装订方式是将对折的内页背对背裱制作的。

有的公司也将这种装订方式称为"平摊装订"。

其特征是用一张纸做成跨页，能够180°摊平。

蝴蝶装（毕业相册装）和第122页介绍的蝴蝶装（纸板绘本装）的构造基本相同。因为日本学校的毕业相册一直以来都使用这种装订方式，所以它也被称为"毕业相册装"。有的公司因为它的内页能够摊平，会称其为"平摊装订"。

基本的制作方法是：内页单面印刷后将其对折，将有正文的书页的背面（没有印刷的那一边），涂上胶粘起来。全部页码都操作完后挤压、固定书脊。如果做成平装书的话，贴上封面裁去书口就可以了。精装书则在加固书脊后裁去书口，贴上另外制作的封面就完成了。

与制作方式相同的纸板绘本装相比，毕业相册装的特征是使用更薄的内页用纸。以经营这种装订方式的日本博胜堂为例，该公司多使用32开，160~180kg的铜版纸制作书芯。日本井关制本则是多用32开，100kg左右的纸张制作。

虽然因为常在毕业相册上使用而被叫作毕业相册装，但这种装订方式在其他印刷品上也能应用。因为可以用一张纸做成跨页，订口处的页边距不会出现被订口"吃掉"的情况，所以也很适合在跨页上印刷满版照片或者绘画作品。若要使页数较少的书厚度翻倍，这种装订方式是很好的选择。

书页能够非常顺利地摊平。

○ 用在毕业相册以外当然也可以

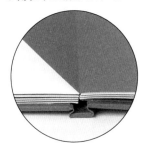

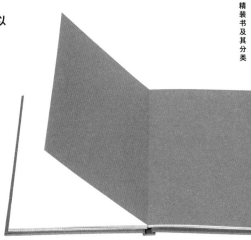

照片是将 32 开，100kg 的纸张对折后，背对背折叠对裱的毕业相册装。为了清晰醒目，这一本每一个跨页都交替使用白、绿两种不同颜色的纸张制作。（装订：日本井关制本）

○ 在毕业相册中经常被使用

将对折过的 32 开，160~180kg 的卡纸对裱制作，书页能够 180°打开。（装订：日本博胜堂）

装订小情报

■ 生产规模 | 可以小批量生产。能够生产的公司比较少，所以量产的话可能要花时间排队。

■ 下单须知 | 内页是由对折的纸张对裱制作，封面是另外制作的，所以可以做成精装，也可以做成平装。

■ 去哪里做？ | 制作毕业相册装的公司，或是有这种装订机的公司，以及可以制作手工书的公司。

■ 装订公司举例 | 日本井关制本、日本博胜堂。

法式装订（真法式装订）

和精装书一样做好书芯，封面比书芯大一圈，
然后四边向内侧折叠。原本是一种临时性的装订，
现在主要用来展示封面的设计感。

○ 封面是手工折叠

封面经过折叠的法式装订，
可以调整封面折进去的幅度。

乍一看像是使用了薄薄内芯材的
精装书。

句子集《初明》(《初明り》)（鬼
头桐叶著／法国堂／装订：日本
松岳社）

封面四方都是手工折叠，没有涂上胶。
封面折回的部分夹在环衬中。

欧洲一带很早以前就有将临时包装好的书籍拿到出版作坊去，只给这一本书装订的文化。所谓法式装订，就是指这种临时包装好的状态。只不过原本的临时包装，书芯是没有裁去书口的。现在日本所说的法式装订，是指为了内页方便阅读裁去书口，封面的形状像是临时包装的法式装订，纸张的四面是向内折的类型。

封面在印刷后脱模到折痕印压都是机器操作的，随后就是手工包裹书芯。折进去的部分基本上不涂胶，是保持浮起来的状态。将这一部分插入另外制作的书芯的书脊和环衬中即可。简单总结就是，精装书的封面变成没有芯材的折叠封面了的感觉。但是，通常精装书的飘口是 3mm，法式装订则多是 1.5mm，且环衬是被封面折进来的部分夹住制成的。

因为需要手工折叠封面、手工将封面塞进环衬等多道手工工序，现如今经营这种装订方式的公司也变少了。法式装订的书成了费时费力的贵重书籍之一。

顺便提一句，本书第 40 页提到了仿法式装订，与之相对，此处介绍的法式装订也可称为"真法式装订"。

装订小情报

■ **成本预测** | 因为基本上都需要手工作业，所以成本较高。

■ **生产规模** | 因为需要手工制作，制作几万本书的话会很花时间。小批量生产的情况比较多。

■ **下单须知** | 因为有手工作业，所以经济和时间成本都比较高。同时，封面折叠后不上胶，导致耐用性比较一般。

■ **装订公司举例** | 日本松岳社。

仿法式装订

这是将封面四边折叠，并且上胶后贴在书芯上的装订方式。
封面的折叠可以通过机器实现，比手工制作的真法式装订容易。

仿法式装订是将封面四边折叠后上
胶，粘贴在书芯上。

仿法式装订的封面。环衬
没有贴在封面上。

订做真法式装订是很不容易的。而仿法式装订则有真法式的感觉并且可以全过程机械制作。它的封面是四边折起上胶后与另外做好的书芯粘贴在一起，有飘口。它比封面有芯材的精装书更薄，封面更轻柔。折进去的部分也有设计感，能够展示书籍独特的氛围。因为相较真法式装更简易，所以被称为"仿法式装订"。

装订小情报

■ **成本预测** | 大多与精装书处在同一价格区间。封面用高价的特种纸的话会更贵。

■ **生产规模** | 基本上是机器制作，所以如果小批量的话单价会变高。

■ **装订公司举例** | 制作精装书的公司。

圆脊法式

仿法式装订在过去只能制作方脊装的，

但近年来出现了圆脊仿法式装订。

书脊是圆润的圆脊设计。封面是四面折进的法式装订。

折进去的部分也可以用胶水粘贴。

仿法式装订一般都是方脊的，日本加藤制本改造了装订机器，因此可以造出圆脊法式了。封面是脱模的，四条边折进去这一点和仿法式装订一样。可以制作 A6~A4 大小的书籍。没有一定的厚度就造不出书脊圆润的感觉，因此书的厚度最少也要 5mm，最厚 60mm。书脊推荐使用和书芯紧密贴合的硬背，但也可以做成腔背。飘口推荐 2mm 宽。比普通的精装书多少要便宜一点，这是圆脊法式的魅力。

(装订小情报)

■ **成本预测**｜与精装书同一水平，或多少便宜一点。

■ **生产规模**｜基本上是机器制作，所以小批量生产会贵一点。几百本起订。

■ **装订公司举例**｜日本加藤制本。

平摊精装（订口上胶式）

平摊精装是指，在书芯的订口上像便利贴一样，只给纸张的一侧上胶，然后贴上封面的装订方式。其特征是可以 180° 平摊开。

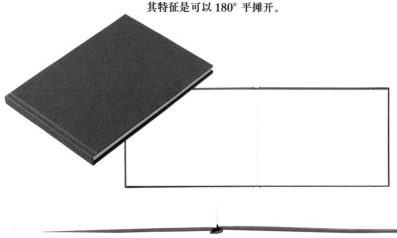

在精装书书芯的订口上胶，所以可以180°摊平。

为了回应消费者想要将跨页摊平的需求，日本井关制本推出平摊精装的装订方式。将像便利贴或者一笔笺一样在订口上胶的方式运用在书芯的书脊固定上。因为是散页上胶，所以书籍可以平摊开来。将这样制作好的书芯加上精装书的封面，就制成了平摊精装。因为需要在纸张的裁断面(订口)上胶，太薄的纸会降低书籍的耐用性。32 开，135kg 的纸张较为合适。铜版纸也可以。

平摊精装不会多翻几次就脱落，也可以单页撕扯下来使用。价格比锁线便宜。

> ### 装订小情报
>
> ■ **成本预测** | 书芯的书脊是手工作业涂上胶的，所以会比普通的精装书略贵。
>
> ■ **生产规模** | 小批量可做。量产的话因为有手工工序，会比较花时间。
>
> ■ **装订公司举例** | 日本井关制本。

上、外切口毛边式

书芯的书口这类横截面上也可以有各种各样的设计。
上切口和外切口都不裁切的装订方式就是上、外切口毛边式。

平装的文库本上切口没有裁切，这种样式被称为"毛边"。这是为了给平装书也装上飘带而保留的。法式装订的书芯也没有修整，即书口没有裁切。参照这些装订方式，平装书不仅可以不裁切上切口，而且连外切口也是可以不裁切的。这是利用折叠成

8页的纸张印刷后只裁去下切口，不裁切上切口和外切口也能逐页翻阅这一特性，故意不做裁切的设计。

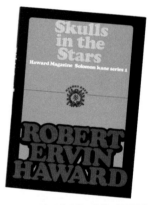

从正面看像是普通的平装书，但看看上切口和外切口就会发现，书芯的纸张是毛边的样式。

┄┄┄ **装订小情报** ┄┄┄

■ **成本预测** | 和普通的书籍没什么大的区别。

■ **生产规模** | 量产和小批量均可制作。

■ **装订公司举例** | 日本井关制本。

无飘口精装书

虽然是精装书，但是书芯和封面一起被裁切了，
因此可以看到封面的芯材。
棱角分明的成书是这种装订的魅力所在。

精装书通常是书芯比封面稍微小一圈。封面比书芯多出来的那一部分被称为"飘口"。飘口一般为 3mm 左右，但也可有变化（参考第 46 页）。其制作工艺和普通的精装书没什么区别，书芯排序好后临时固定住，裁切成最终成品的大小，另外用印刷后的纸或装帧纸等包裹荷兰板制成封面，再将二者二为一即可。

但是此处介绍的无飘口精装书，是将内页进行配页后进行临时固定，再将另外制作好的封面与之贴合，最后将封面连着书芯的书口一起裁去。经过这样的步骤，因为封面和书芯是一起裁切的，可以从断层看到封面里包裹的荷兰板，所以精装书显得棱角分明。

无飘口精装书并不是在性能上突出的装订方式，它主要是因为设计感被选择，用来凸显书籍的方方正正。

○ 只有上下切口是无飘口的

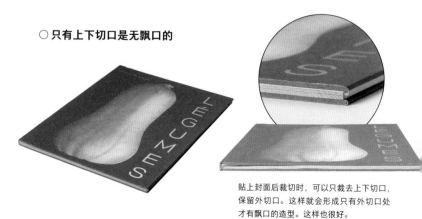

贴上封面后裁切时，可以只裁去上下切口，保留外切口。这样就会形成只有外切口处才有飘口的造型。这样也很好。

○ 芯材使用彩色纸的无飘口精装书

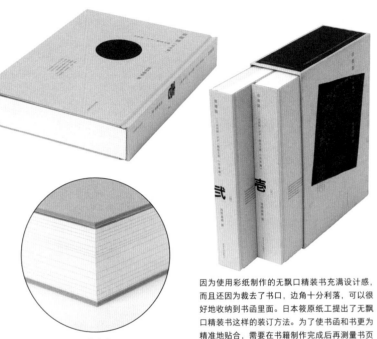

最后裁去书口。

因为使用彩纸制作的无飘口精装书充满设计感，而且还因为裁去了书口，边角十分利落，可以很好地收纳到书函里面。日本筱原纸工提出了无飘口精装书这样的装订方法。为了使书函和书更为精准地贴合，需要在书籍制作完成后再测量书页厚度，以供书函制作。

《前卫志（日本编）》（《前衛志（日本編）》）（西野嘉章著 / 东京大学出版会 / 印刷：日本秋田活版印刷 / 装订：日本松岳社、日本筱原纸工）

_____

装订小情报

■ **生产规模**｜量产或小批量都可，小批量成本较高。

■ **下单须知**｜不是所有做精装书的公司都可以做，能够将封面厚厚的芯材与书芯一起精确裁切的公司很少。因此在想要制作的时候需要提前咨询装订公司。

■ **装订公司举例**｜日本松岳社。

大/小飘口式

飘口一般为 3mm。

但是从设计的角度出发，会有将其加大或是缩小的需求。

虽说机器也有局限，但 3mm 左右的调整是可以做到的。

精装书的封面比书芯要大上一圈。多出来的这一圈被称为"飘口"，飘口一般是 3mm。订做精装书时，如果没有特别的要求，一般都是按 3mm 来做（巨大的书另当别论）。

但是，考虑到书的观感和氛围，有时候会想要将飘口做得更大或是更小一点。这种情况下和装订公司谈一谈，对方会给出一个可以实现的数值范围。

日本松岳社因精装书做得好而得到广泛好评。在他们那里，书籍的飘口增大或是缩小都是可以做的。飘口缩小的话需要控制在 1.5~2mm 的范围内，加大的话，他们实际做过最大飘口 13mm（两者均为 32 开的书籍）。将飘口做大的话，飘口的部分没有书芯支撑，书堆积多了的话，薄薄的封面可能会弯曲，经过运输尤其可能出现这种情况。这时，可以将封面的芯材换成牢固度更高的纸张。这需要事前跟装订公司充分商讨。

○ **飘口为 1.5mm 的小飘口精装书**

将飘口缩小到极限，差不多与书芯平齐的小飘口精装书。

○ 飘口为 13mm 的大飘口精装书

因飘口大而有名的书籍《孔雀羽毛的眼睛在看着》（《孔雀の羽の目が見てる》）（蜂饲耳著 / 白水社 / 装订：日本松岳社）

飘口 13mm 的威力在于，当书籍平摊时，能营造出一种仿佛放在读书台上阅读的氛围。

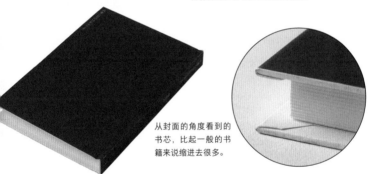

从封面的角度看到的书芯，比起一般的书籍来说缩进去很多。

> **装订小情报**
>
> ■ **成本预测** | 与一般的精装书差别不大，但也因式样而变。
>
> ■ **下单须知** | 不讨论手工制作的情况，机器制作的话根据制作公司的机器性能，飘口可以加大或缩小的范围是不同的。
>
> ■ **去哪里做？** | 经营精装书的公司。
>
> ■ **装订公司举例** | 日本松岳社。

单张纸包折封面精装书

**在想要制作轻便的精装书时，非常适合做成
封面不加芯材的单张纸包折封面精装书。**

想要做成精装书，但是普通的封面又太厚了不合适。这种时候可以将封面里使用的芯材尽量变薄，也可以做成本页介绍的单张纸包折封面精装书。这种精装书的封面没有芯材，只有一层折叠后上胶的纸。单张纸包折封面精装书的封面会比加了薄芯材的封面更薄一些。

单张纸包折封面精装书的封面用纸，比一般的精装书的封面用纸（32开，100kg 左右）更厚，因此要使用 32 开，160kg 以上的纸。从书的侧面能清晰地看出封面的纸张虽然折叠过，但依旧十分轻薄。书的外观看起来像是仿法式装订，但单张纸包折封面精装书的环衬是粘贴在封面上的，仿法式装订的环衬则没有粘贴在封面上。

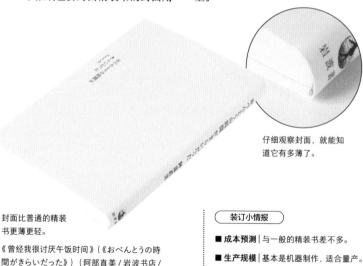

仔细观察封面，就能知道它有多薄了。

封面比普通的精装书更薄更轻。

《曾经我很讨厌午饭时间》（《おべんとうの時間がきらいだった》）（阿部直美 / 岩波书店 / 装订：日本松岳社）

> **装订小情报**
>
> ■ **成本预测**｜与一般的精装书差不多。
>
> ■ **生产规模**｜基本是机器制作，适合量产。
>
> ■ **装订公司举例**｜日本松岳社。

单张纸不折封面精装书

将单张厚纸直接作为封面的精装书。

与平装书不同，此类书籍有飘口，

并且通过环衬将书芯和封面进行连接。

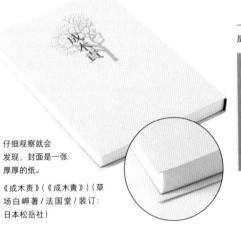

仔细观察就会
发现，封面是一张
厚厚的纸。

《成木责》(《成木責》)(草
场白岬著／法国堂／装订：
日本松岳社)

一般的包封折叠会影响环衬，但
是单张纸不折的封面则不会。

精装书的封面一般是将荷兰板作为芯材裹上印刷好的纸或装帧纸，成品较为厚实。你也可以像平装书一样，用一张厚纸制作精装书的封面。这样的封面与平装书的不同之处在于它有飘口。同时，封面和书芯的连接不仅靠书脊固定，也依靠环衬。这些特征和精装书一样。

因为封面是单张厚纸且有飘口，所以根据使用的纸张不同，有时候封面的角容易弯曲。这一点需要注意。

这种装订主要用来展示设计感，或是想要展示轻便，又或是想要体现朴素的感觉。

> **装订小情报**

■ **成本预测**｜比一般的精装书便宜一点。

■ **生产规模**｜基本是机器制作，因此适合量产。

■ **装订公司举例**｜日本松岳社。

塑料封面精装

塑料的封面包裹着圆脊的精装书。
这种装订方式常见于辞典。封面和书脊柔软，
即使是厚厚的书，翻阅起来也很轻便。

将 PVC 等塑料焊接（用高周波将塑料之类的树脂熔断、焊接的加工方法），然后脱模，做成一张封面，再进行配页、装订，最后包裹书芯，就成了塑料封面精装书。用塑料制作的封面非常牢固，经常被用在辞典、日记、手账等需要反复开合的产品上。因为追求耐用，书芯用锁线胶装的情况比较多。近年则出现了用无线 PUR 胶装来制作的辞典。

塑料封面精装的封面和书脊是没有芯材的，只用一张柔软的塑料包裹书芯。因为要确保书籍可以摊平，所以一般这种精装书是没有书槽的。这种装订的特征是书脊特别柔软，翻页十分便利。

○ 用塑料制成的单张封面包裹书芯

用 PVC 等塑料制成的单张封面包裹书芯。

《旺文社国语辞典
第十一版　小型版》(《 旺文社国
語辞典　第十一版　小型版 》)(山口明
穗·和田利政·池田和臣编/旺文社/2013 年/
装订：日本大口制本印刷)

塑料封面的特点是牢固且柔软。即使是辞典这么厚的书，书脊也可以弯曲，便于阅读。

将锁线胶装的书芯书脊直接用塑料封面包起来。环衬也和封面贴合在一起。飘口很浅。

(装订小情报)

■ **成本预测** | 因为没有封面加工（粘贴荷兰板芯材），比一般的精装书要便宜少许。

■ **生产规模** | 因为是机器生产，所以适合量产。

■ **下单须知** | 因为只有单层封面，所以即使飘口很浅也容易折损。虽然塑料封面的材质柔软，折痕不醒目，但是在意的话，有必要加上 OPP 封壳进行保护。

■ **去哪里做？** | 拥有制作精装书设备的，经营辞典、手账等的装订公司。

■ **装订公司举例** | 日本大口制本印刷。

观音装订

建筑制图册等需要平摊阅览的书籍，为了不裁切书口会将书芯进行对折，再在订口和外切口处上胶后固定的装订方式就是"观音装订"。外切口处也上胶是其特征。

观音装订是指书芯可以 180° 打开，让横跨左右两页的图片完整呈现的装订方法。将竣工图、施工图、完成图、制作图等建筑图制成书籍时常用这种装订方法。

因为这种装订方式将内页的跨页进行对折，在订口和外切口处涂胶，所以也被称为"背贴装订"。

从用途和样式出发，观音装订又有"图版装订""对折装订""跨页装订"之类的名字。通常来说，封面是将题字做成金箔烫上去后完成的，但也可以用仿革纸将涂过胶的书芯包裹起来做成平装书。最小可以做 A5 大小，最大可以做到 A2。可以做的内文页数是 40~250 页。

○ 订口和外切口处涂上胶的装订方法

打开时，跨页内容可以被当作一张完整的纸一样阅读，这就是"观音装订"。

基本上是方脊精装书，但也可以做成包裹封面的平装书。

像是180°打开一样，会形成一个腔背。

对折的内页的订口和外切口都涂上了胶，内页像是袋装的。

(装订小情报)

■ **成本预测** | 与一般的精装书差不多。

■ **生产规模** | 适合1册起的小批量生产。

■ **下单须知** | 直接将原稿交付印刷，也可以将印刷好的成品邮寄或是亲手交付。印刷好的书芯寄送时，需要注意将纸张的尺寸统一。各种具体条件根据内容不同有所差异，请事先跟装订公司商议。

■ **去哪里做?** | 经营图版装订、论文装订的装订公司。

■ **装订公司举例** | 日本小林制本。

大开本装订

用于装订的机器能够制作的书籍尺寸是有限的。

如果想要制作更大尺寸的书籍，

可以通过手工制作来实现。

大家见过那种用来读给孩子听的大型绘本——B4 以上的大开本书籍吗？比如下面的大型绘本的尺寸是 B3（364mm×515mm），锁线胶装精装工艺的（方脊和硬背）。超大开本的书芯是靠机器锁线胶装的，封面则是靠手工包裹的。

书芯的书脊既可以选择锁线胶装，也可以选择用 PUR，无论选择哪一种，裹上封面的工序大都需要手工作业，因此需要相当充足的时间。如果过厚的话，书会因太重而损坏，所以书芯厚度最多 20mm。

除了锁线胶装，有的能够制作大开本装订的公司也可以做合纸精装或合纸平装。

左边是普通版（A4）、右边是超大本（B3）
《太可惜了奶奶》（《もったいないばあさん》）（真珠麻里子著／讲谈社／装订：日本大口制本印刷）

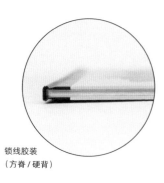

锁线胶装
（方脊／硬背）

装订小情报

■ **成本预测**｜因为多是手工作业，所以成本在装订中算是相当高的。

■ **生产规模**｜需要手工制作的工序多，适合小批量生产。

■ **装订公司举例**｜日本大口制本印刷。

内页分离式装订

将内页分割开装订的方法有好几种，
但只有日本加藤制本使用薄纸作为内页
做成了细致的内页分离式装订。

内页分为两段的装订方式。

内页分离式装订（separate）是指内页分为两段、三段的装订方式。这种装订方式长期以来被应用在圈装装订的儿童绘本中。日本加藤制本的内页分离式装订使用薄薄的纸张作为内页，并做成精装书，内页可以非常完美地分成两段、三段。这里所说的"完美"是重点，指内页在翻动时上下两段不会扯在一起而造成不好的体验。这种细致并且缜密的装订就是日本加藤制本的独家绝活了。

日本加藤制本旗下品牌"回顾日记"（LOOKING BACK DIARY）是内页分离式装订，书芯一分为二，每天一页，供早晚两次记录。因为是分为两段，可以看着前面写的内容写新的日记。 http://cru-cial.com/stationery/191/

> **装订小情报**
>
> ■ **成本预测** | 比一般的精装书贵。
>
> ■ **生产规模** | 小批量、量产都合适。
>
> ■ **装订公司举例** | 日本加藤制本。

车线装精装

在内页的正中间用缝纫机车线后再对折，
最后用精装的封面包裹起来的装订方式被称为"车线装精装"。
因为耐用性好、开合度出色，多用在绘本等孩子使用的书上。

书芯以跨页摊开的状态堆叠，中间的部分（订口）用缝纫机车出一条直线。将其对折后，用另外制作的精装封面包起来就是车线装精装。

因为内页是在左右摊开的状态下走线的，所以开合度非常好，可以供180°平摊开来阅读。同时因为走线很严实，牢固度也是够的，这是它被用在孩子们的书本上的原因。因为孩子们可能会"暴力阅读"。

因为书是由内页摊开重叠再对折制作的，所以页数必须是4的倍数。内页是车线后，再裹上精装封面的。这一步不用精装封面，只用一张厚纸做成平装也是可以的。

因为缝纫机车线的厚度有限，所

○ 在内页正中间用缝纫机车线

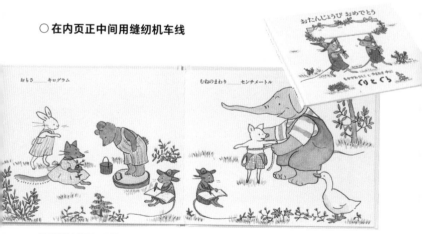

打开书最中间那一页就可以看到，订口部分是用缝纫机车线完成的。

《古里和古拉 生日快乐》（《ぐりとぐら　おたんじょうびおめでとう》）（福音馆／装订：日本大村制本）

以太厚的书是做不出来的。但反过来说，在想要做成薄薄的书时，车线装精装是值得推荐的。

大家都喜欢的这本绘本也是车线装精装。
《肚子饿饿青虫》(《はらぺこあおむし》)
(偕成社 / 装订：日本大村制本)

书页变短或是中间开了个洞之类的变形页，也可以用车线装精装。

─────────────

┊ (装订小情报)

■ **成本预测** | 单价来看的话，锁线胶装 > 车线装订 > 骑马订。

■ **生产规模** | 小批量生产也可，基本上是量产。

■ **下单须知** | 太厚了则没法车线缝纫了，书芯如果超过 3mm 则需要用锁线胶装等其他的装订方式。另外，基本上 (没有粘贴步骤等的情况下) 书芯需要是 4 的倍数。

■ **装订公司举例** | 日本大村制本。

薄型精装书

内页由缝纫机车线，
可以做到最薄 5mm 的薄型精装书。

一般书芯锁线胶装的精装书封面较厚，且最低也要有一定量的页数，过薄的书籍就很难用装订机了。

但是擅长车线装订(参考第 98 页)的日本大村制本，可以将内页的中间车线后再加上精装的封面，做成 5mm 厚的精装书。

不仅仅是绘本，薄型精装书还广泛应用于品牌手册、公司宣传册、虽然薄但想要加上烫印字的商品目录等各种各样的产品中。

与《设计的抽屉 37》(《デザインのひきだし 37》)的厚度相比，《古里和古拉　生日快乐》虽然是精装书，但厚度只有 5mm，可以称为极薄！

《古里和古拉　生日快乐》(福音馆 / 装订：日本大村制本)

（装订小情报）

■ **成本预测** | 单价来看的话，锁线胶装 > 车线装订。

■ **生产规模** | 小批量生产也可以，基本上是量产。

■ **装订公司举例** | 日本大村制本。

螺钉精装书

封面是精装，书芯用螺钉固定的装订方式。

手工制作。

完成后变成方脊。
可以烫印题字。

内页的订口处打了洞，由两个螺钉固定。

不使用胶水，而是用螺钉将内页固定到硬质的封面上就是螺钉精装书。其最大的特征是内页可以增加、替换和改变顺序。它常被使用在将报告书装订保存的时候。可以装订的尺寸为 A6~A2，书芯从 100~1000 页都是可能的（但根据纸张尺寸有所差异）。只要有足够长的螺钉，无论多厚的页数都可以做。但订口一侧是采用螺钉装订的，太厚的话书会难以打开，这一点需要注意。因为是手工制作，所以可以 1 册起订。

装订小情报

■ **成本预测**｜跟普通的精装书一样。

■ **生产规模**｜因为是手工制作，适合 1 册起的小批量生产。

■ **装订公司举例**｜日本小林制本。

瑞士装（开背装订）

合上时候看起来像是普通的精装书。但是打开封面就会发现，
书芯的书脊并没有跟封面贴合，封面是完全摊开的。
这就是瑞士装。

○ 书芯和封面中还有内封的装订方式

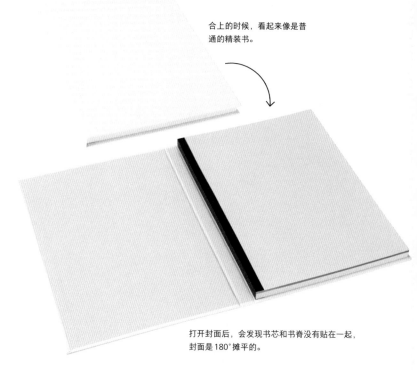

合上的时候，看起来像是普
通的精装书。

打开封面后，会发现书芯和书脊没有贴在一起，
封面是180°摊平的。

瑞士装的书籍封面和书芯的书脊没有贴合在一起。这种装订方式也被称为"开背装订"。这种装订会带来一种需要将书在书桌台上摆放好后翻阅或是书写的印象。

制作方法是将 3 部分（封面、书脊、封底）的荷兰板芯材用印刷好的纸张或是装帧纸包裹起来，或者在一张荷兰板的反面两边裁切出 V 形印迹，再用印刷好的纸张或装帧纸包裹起来。

书芯需要另外制作。无论是如左边照片所示的装帧纸装订的书籍，还是用上浆纱布卷起，或是用一张厚纸的封面包裹的平装书，又或是书芯用锁线胶装，各种各样的装订方式都可以实现。将书芯放在封面上与环衬贴合就完成了。

虽说翻阅体验与书芯的装订方式有关，但内封一般不会太厚，而且书脊多是柔软便于翻开的。特别是锁线胶装的书页可以180°打开。

因为需要做好封面，装订好书芯后再将二者组合，存在两道工序，所以这种装订方式会花上更多的时间和成本。

装订小情报

■ **成本预测** | 比一般的精装书更费工夫，成本也更高。

■ **下单须知** | 需要制作好书芯，再另做封面将二者组合起来，两道工序更费工夫，所以时间安排要宽裕一点。

■ **去哪里做？** | 可以制作精装书的装订公司。

■ **装订公司举例** | 日本大口制本印刷。

图书馆装订 (打孔装订)

图书馆装订是指将杂志或册子等做成合集，
为了改装、修理而进行的再次装订。
其中打孔这一传统手段的特征是书页固定得特别牢固。

图书馆装订是将杂志或册子做成合集，再在装帧纸上烫印文字做成封面，裹到书芯上做成精装书的形式。现如今满足图书馆装订用途的装订形式主要是无线装订、锁线胶装，但以前流行的是"打孔装订"。

将一年份的杂志整理好后切去书脊，在订口处用钻头打出洞来，再用平麻（麻根茎表皮的部分）或是麻绳将其串联起来。因为平麻和麻绳都很结实，这样装订出来的书籍就非常牢固。其缺点是不易打开。因为这是杂志等期刊在图书馆或是资料室保存时使用的装订方法，虽然有难以打开、复印时不方便等缺点，但是因为牢固度出奇得好而在书籍需要长期保存时受到青睐。

○ 用平麻平订制成精装书

将一年份的杂志合订，用另外做好的封面（在装帧纸的书脊和封面处贴上荷兰板，书脊上烫印了文字）包裹起来的圆脊精装书。（装订：日本染野制本所）

订口处放大看，在洞口有平麻穿过。

因为是平订，所以开合度并不好。

书芯裁切整齐后，用锤子敲打书脊，做出圆润的书耳。

整理好一年份的杂志，切去书脊，在订口处用钻打孔，用平麻穿过。

将另外做好的封面包裹住书芯，加压出书槽，完成。

书脊中贴入上浆纱布、环衬等填充材料进行加固，在上下切口的端口贴上堵头布，加压。

(装订小情报)

■ **成本预测** | 合订本一本 4000 日元起（约人民币 200 元）。

■ **生产规模** | 手工制作，适合 1~100 册的小批量订制。

■ **下单须知** | 在封面制作工序中，书脊要切去 3mm，切口也要裁切整理，所以余白少的书籍就比较难做。

■ **去哪里做？** | 即使是可以做合订本的公司，能够打孔的也只有一小部分。

■ **装订公司举例** | 日本染野制本所、日本恩田制本所。

合订本

将数次发行的书籍或是杂志
汇集成一本书的"合订本"。
想要保管、整理册子时使用的装订方式。

将会报、公司内部报、论文、议事记录、报告书、花名册等册子按一年份整合，或是月度、季度等有必要的期号等按照一定时间段的收集整理好的就叫"合订本"。图书馆装订其实也是其中一种。

通过合订，人们可以整理好散乱的册子，便于在图书馆之类的地方长期保存、管理。

其制作工序是，首先把需要装订的册子收集起来，然后叠放在切割机下，切去书脊，使其重新变成零散的纸张。然后将内页进行无线胶装，包上封面做成精装书。这是基本的流程。不切去书脊的话，则需要在书芯的订口处用穿孔机打出四个孔，用风筝线穿起来。封面烫印文字。

合订本的书脊可以是方脊，也可以是圆脊。根据经营合订本的日本小林制本提供的情报，最近使用圆脊的合订本数量有所增加。圆脊的订口处是弧线，所以更容易翻阅。为了能更好地摊开书本，以便复印，也可以采

圆脊精装书的样书。照片是圆脊精装书。圆脊因为订口有弧线，所以更容易翻阅。

用腔背。

可以做出来的厚度范围是1~4cm。相对应的尺寸，方脊的话是最小A5，最大A2，圆脊的话是最小B5，最大B4。

○ 将好几本册子装订成一本精装书

将会议报告等一段时间内的量汇总起来装订成精装书。(装订:日本小林制本)

荷兰板夹经折装

荷兰板夹经折装是由

折叠弯曲的书芯和前后两张封面组成的。

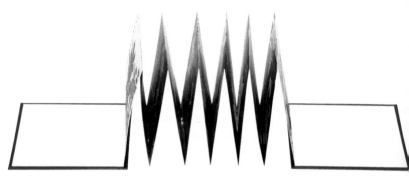

没有环衬，封面直接和内页粘在一起。可以将第一页和最后一页做成空白页形成环衬的感觉，也可以在所有页面上印刷。

荷兰板夹经折装不是翻阅型的书籍，而是书芯都连在一起，如同弯曲的蛇一样。因为用封面夹住了经折本而得名。

就上图的情况来说，印刷过的封面是用贴上PP（聚丙烯）纸裹上芯材做成，内页是将印刷过的纸张折叠，将其连接后贴合形成长长的一张，再贴上封面做成的。

内页可以只是一张纸；如果内页过长，也可以先印刷内容再将书页连接起来。

需要连续展示的绘本或是写真集、画集等重视视觉效果的作品，抑或是商品目录或菜单等需要一次性完全展示的内容，都是适合这种装订方式的。

(装订小情报)

■ **成本预测** | 根据内文的长度不同而定。因为有连续页码、粘贴封面等多道工序，所以一般来说比精装书要贵。

■ **装订公司举例** | 日本博胜堂。

第 2 章

平装书
及其分类

平装书（网代胶装）

平装书也被称为"软封面装"或"简装"。

用切刀在书芯的书脊上切割出缺口，

然后将胶水渗透进去，这就是网代胶装。

仔细观察书脊的话，就能知道这是在书帖折叠的状态下上的胶水。

平装书（有封皮）。《包装设计的秘密》（《パッケージデザインのひみつ》）（日本包装设计协会监修 / Graphic 社刊行）是 B6 且宽度稍有加长的尺寸，所以做成了网代胶装。

《设计的抽屉 28》（《デザインのひきだし 28》）一书封面比书芯要小，能够看到书芯的书脊。因此可以看到书帖中为了网代胶装而打出来的孔（中间样张纸的装订部分是散页，没有折叠）。

书页很难 180°平摊开。打开订口部分看看就可以知道，网代胶装的孔里灌进了胶水，将书页更牢固地粘在一起。

平装书是指将印刷好的书芯折叠、配页后，再在书脊上接上另外印刷加工的封面，最后裁切的装订方式。也被称为软封面装或是简装。

封面一般使用单张厚纸，在上面印刷文字或图画。将书芯和封面组合后，再裁切书口。因此封面和书芯的尺寸是一样的。与之相对的，精装书（参考第 26 页）是先将书芯裁切，再将大一圈的封面和书芯黏合到一起。

平装书是在单行本、文库本、新书本、杂志等多种出版物中经常使用并且流行的装订方法。

平装书的制作方法大概可以分为两类。一类就是所谓的"网代胶装"，在书芯的书脊上打入（切割）被称为"网代"的孔，然后将书帖重叠，在书芯的书脊部分涂上被称为"热熔胶"的特殊黏合剂。在网代到书帖的中心部分都渗入黏合剂，使得书页之间可以紧密固定。但是黏合剂的渗透量过多，有时候也会造成翻阅困难。

网代胶装时，书页可以不用切去书芯书脊的部分就能与封面黏合，适合想要提高纸张的利用率，尽可能多地印刷文字的情况。

装订小情报

■ **成本预测** | 绝大部分比精装书便宜，比骑马订贵。

■ **生产规模** | 机器制作，适合量产。也有小批量生产用的装订机，只加工几本也可行。

■ **下单须知** | 订做平装书时，很少会被问要网代胶装还是无线胶装（参考第 70 页）。如果想要网代胶装，最好是提前指定。

■ **装订公司举例** | 将平装书列为经营项目的装订公司基本上都可以做。

平装书（无线胶装）

平装书也被称为"软封面装"或"简装"。
无线胶装是指将书芯的书脊部分进行裁断后，
把散页胶装的装订方式。

无线胶装的书籍。

《遇见"纸的温度"——世界的纸与日本的和纸》（《"紙の温度"が出会った世界の紙と日本の和紙》）（纸的温度著/Graphic 社刊行）

因为是平装书，书芯和封面是同样大小的。

看看书芯的书帖就能发现，与网代胶装（参考第 68 页）不同，订口被裁切，看起来就像是一张张纸重叠了。

书页多数情况下比网代胶装容易打开，但很难摊开成180°。

和刚刚介绍的平装书（网代胶装）做法基本相同，将印刷好的内页折页后做成书帖，再按印刷物的顺序进行配页，书芯的书脊与另外加工好的封面黏合，最后裁切书口。因为是将印刷有图画或标题文字等的厚纸封面与书芯黏合后再裁去的书口，所以封面和书芯的尺寸一样。

那么，网代胶装和无线胶装同为平装书，二者的区别在哪呢？

不同在对书芯的书脊部分的处理。网代胶装的话，书帖的书脊部分有"网代孔"（切痕）。印厂工人在其中加入黏合剂使之渗透，从而将内页粘在一起。与之相对的无线胶装的内页是将书脊部分切去 2~3mm，使纸张变为散页的状态。然后在其切面稍作修整，用黏合剂将书脊与封面黏合。因为修整过切面，所以黏合剂会更容易进入书芯的纸张里，书的牢固度也就提高了。

说到无线胶装，黏合剂一般是使用 EVA，近年也出现了牢固度更高的 PUR。用 PUR 的装订基本上都是无线胶装。顺带提一句，无线胶装得名于装订时不用线（棉线或铁丝）。

（ 装订小情报 ）

■ **成本预测** | 基本比精装书便宜，比骑马订贵。网代胶装和无线胶装成本几乎没什么差别。

■ **生产规模** | 机器生产，适合量产。但也有小批量生产用的装订机，几本也可以加工。

■ **下单须知** | 订做平装书时，很少会被问要网代胶装还是无线胶装。如果想要无线胶装，最好是提前指定。

■ **装订公司举例** | 将平装书列为经营项目的装订公司基本上都可以做。

开合度好的平装书（无线 PUR 胶装）

如果平装书使用 PUR 这种
牢固度和耐热性都很高的胶水的话，就可以减少涂抹的量，
书脊就不会变硬，书本也更方便打开了。

无线 PUR 胶装只需少量的胶水就可以将书脊和封面黏合，所以书页便于打开。

书脊和封面完全连接在一起的普通平装书，也可以做成便于打开的样式。无线 PUR 胶装就是这种方法。将配页后的书芯的书脊切去 2~3mm，使胶水容易渗透到纸中。再轻轻涂上一层 PUR 后贴上封面。PUR 的黏度非常高，只涂一点，书页就不会脱落，用在平装书上既硬挺，又方便开合。根据书芯的用纸和厚度、书的尺寸等的不同，不同的书想要做出方便翻阅的状态需要的胶水厚度是不同的。这就需要有专业技巧。PUR 的话，胶水部分不切掉也可以作为废纸回收，是对环境友好的装订方式，这也是其特征。

摊开使用的参考书、乐谱、旅行指南、食谱等书籍适合使用这种装订方式。

装订小情报

■ **成本预测** | 胶水使用的是热熔胶，所以略贵于一般的平装书。

■ **去哪里做？** | 可以用 PUR 的装订公司。

■ **装订公司举例** | 日本新寿堂。

锁线平装书

虽说一般的平装书是用热熔胶之类的胶水装订，

但也可以像精装书一样将内页串线固定。

使用普通热熔胶的平装书开合度并不是很理想。而想要达到理想的效果，可以做成内页串线，再重叠封面裁切的锁线平装。这样制作而成的书可以和精装书一样，内页能够轻松打开，同时牢固度也够，适合反复开合的笔记本等。最近说起开合度好的平装书，多是使用了 PUR 制作的（参考第 72 页），因此锁线平装书就减少了。但是当需要改善 PUR 的装订机无法处理的大尺寸书籍的开合度，或是想要提高笔记本的牢固度，或制作账本等时，锁线平装依然是经常被使用的装订方式。

乍一看是普通的平装书，却可以毫无压力地 180° 平摊开。

内页的订口部分可以看见锁线。

装订小情报

■ **成本预测** | 内页串线了，所以略贵于一般的平装书。价格排序是：平装书 < 锁线平装 < 精装书。

■ **生产规模** | 哪种都可以，但小批量的话价格会高一些。

■ **装订公司举例** | 日本博胜堂。

开放式书脊装（无线胶装·背纸型）

平装书如果做得便于翻开的话，猛地一打开书脊就容易裂开。

日本加藤制本的背纸型开放式书脊装

既可以让书籍便于翻阅，也解决了书脊开裂的问题。

○ **因为封面和书芯没有贴在一起，所以书脊不会开裂**

从外观看，就像是普通的平装书。

即使是大幅度打开，因为封面的书脊和书芯是分开的，所以不会出现裂痕，非常整洁。

可以做到接近180°摊开，直接这样平放也没有问题。可以看到，封面和书脊没有贴在一起，两者之间形成了一个小空间。

许多顾客都反映，想要能够很好摊开的书。这种时候日本加藤制本制作的开放式书脊装，也就是所谓的广开本加上无线胶装，可以作为平摊书的选项之一。

一般的平装书（无线胶装），书芯和封面是贴在一起的。翻动书页时感到有阻力的原因之一是书脊过于坚硬。虽然开放式书脊装订的封面使用了厚纸，翻开时有些费力，但它书芯的书脊使用的是特制的纸，而且封面和书芯没有粘在一起，翻阅起来会比较轻松。

日本加藤制本制作的开放式书脊装订，不仅封面和书脊没有贴合，而且书脊上使用的黏合剂还是牢固度非常好的 PUR。均匀地涂上一层薄薄的 PUR，书脊和封面就能很结实地粘在一起。同时，因为胶水很薄，书脊的开合度也会很好。

如果是书芯的书脊和封面粘在一起的普通无线胶装书，猛地一打开的话，封面的书脊处会留有折痕。但是开放式书脊装封面的书脊和书芯的书脊是分开的，内页打开后书芯的书脊会浮起来，封面的书脊则不会留下折痕，能够保留整洁的封面。这也是它的优点。

装订小情报

■ **成本预测**｜与普通的平装书（无线 PUR 胶装）差不太多，略贵一点。

■ **生产规模**｜日本加藤制本可以使用机器制作包括书脊浮起的所有工序，因此可以量产。

■ **下单须知**｜封面和书芯没有贴在一起，书芯上是贴了纸张的。为了不把它露出来，需要加上环衬。普通的平装书可以要求不加环衬，但开放式书脊装一定需要环衬，这点需要注意。

■ **装订公司举例**｜日本加藤制本。

广开本（背贴胶带型）

正如其名，这是一种可以将平装书摊平的装订方法。

通过提前在封面的背面贴上背贴胶带，实现良好的开合度。

○ 在平装书封面的背面贴上背贴胶带

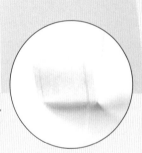

在封面的背面距离书脊边角 8mm 处用黏合剂涂两条，再粘上背贴胶带。这部分将和书芯的书脊直接贴合。
（装订：日本 LIVRETECH 印刷公司）

由于书脊上贴了背贴胶带，打开书时封面就会和书芯的书脊分离，可以一直打开到订口处。书越厚，效果越好。

日本 LIVRETECH 印刷公司于 1995 年开发的"广开本"，指预先在平装书的封面背面的书脊部分贴上名为"背贴胶带"的带状纸，再将其与书芯贴合。背贴胶带不是整个都粘在封面上，只是胶带的两端（封面书脊边角部分起 8mm 的位置）呈直线状粘在封面上。因为背贴胶带的正面和书芯贴合，打开书时封面会和（粘着背贴胶带的）书芯的书脊分离，书籍变得容易翻阅。因为不需要按压书籍就能阅读，这种装订方式适合儿童图书、图鉴、乐谱、菜谱、地图册等。

广开本（背贴胶带型）和过去用热熔胶的网代胶装相比，使用的是黏合力更高的 PUR，能够用更少的胶水实现书脊更为柔软且开合度更好的装订效果。

一般用 PUR 进行装订的话，书芯也是和书脊直接粘在一起的，书被摊平时会在封面的书脊处形成竖的褶皱，广开本可以让封面没有折痕，这是它的特征。即使书籍被反复打开，封面也不会有折痕。

装订小情报

■ **成本预测** | 因为有背贴，成本比一般的平装书要多一点。但和开合度很好的精装书或是圈装装订比起来便宜很多。

■ **生产规模** | 适合量产。

■ **下单须知** | 想要发挥出广开本的效果，书的厚度需要 10mm 以上，最大在 50mm。书脊会呈现出腔背的空间，所以封面的纸张太薄的话，封面的书脊和背贴胶带会一起弯曲，这一点要注意。另外，因为封面内侧（卷首、卷尾）可以看到胶带，所以要用环衬将其遮掩起来。

■ **去哪里做？** | 有广开本封面制作机器、广开本处理系统的装订公司。

■ **装订公司举例** | 日本 LIVRETECH 印刷公司。

空袋装订

空袋[1]＝纸筒。

日本涩谷文泉阁的空袋装订可以在不弯折封面书脊的情况下
也能够非常容易地翻阅书籍。

○ 翻开时封面和书芯的书脊没有连在一起

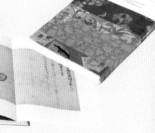

无线胶装＋空袋装订式图录。可以180°打开，这时书芯的书脊部
分会和封面分离。因此，封面的书脊部分可以不产生折痕并保持
整洁。图示的书籍更是在几处采用了观音装订。这种装订方式也
是可以实现的。

《佐竹本　三十六歌仙绘与王朝之美》（佐竹本　三十六歌仙と王
朝の美）（2019 年）发行：日本经济新闻社、 NHK 京都放送局、
NHK 行星近畿、京都新闻 / 编辑：京都国立博物馆、日本经济新
闻社 / 设计：渡边显大（日本写真印刷交流）/ 印刷：日本 NISSHA/
装订：日本涩谷文泉阁

德式装订加上空袋装订。书芯是锁线的，然后加上空袋，进行书脊的加
工，裹上封面贴合。这种书非常便于翻阅，读者可以很好地阅读内文。

发行、编集：小山登美夫美术馆 / 写真：高桥健治 / 设计：加藤贤策、和
田真季（LABORATORIES）/ 印刷：日本山田写真制版所 / 装订：日本涩谷
文泉阁

所谓空袋,指的是筒形条状的纸。将这个筒状的纸贴在封面书脊部分的内侧后,再用封面裹住书芯的装订方法就是"空袋装订"。这是日本涩谷文泉阁的原创装订方式。

因为封面和书芯的书脊部分没有粘在一起,所以书本可以打开到订口的位置,封面的书脊也可以保持整洁,不出现折痕。

书芯既可以用无线 PUR 胶装,也可以用锁线胶装。使用无线 PUR

空袋装订中使用的彩色空袋一例。可喜之处是色彩可以自由选择。

胶装时,薄薄地涂上一层 PUR 就可以使书芯的书脊柔软且牢固。锁线胶装当然不必说,其牢固度和开合度都是最高级别的。

空袋现在有各种各样的颜色。打开书在封面和书芯书脊的连接处就能看到空袋的颜色。这可以像精装书的堵头布一样,成为书籍装订的好点缀。

封面可以做成单张厚纸的普通平装书形式,也可以做成勒口折装订或是德式装订。

空袋是通过不同于装订机器的别的机器装到封面上的,以及无线 PUR 胶装的胶水固定需要花时间。基于上述的种种原因,这种装订方式比一般的平装书要多花上一两天。

1译注:空袋是将背胶条状的纸张左右两侧向内折叠后,粘在封面内侧书脊和书芯书脊处形成的空腔,由日本涩谷文泉阁原创,现已申请专利。

装订小情报

■ **生产规模** | 基本都是量产。如果要小批量生产需要事前商量。

■ **下单须知** | 书芯的厚度在 7mm 以上 50mm 以下可以装订(只有白空袋的话书芯厚度可以做到 5mm)。另外封面的贴合方式可以指定,需要提前询问。

■ **去哪里做?** | 日本涩谷文泉阁。

■ **装订公司举例** | 日本涩谷文泉阁。

腔背平装书

乍一看像是普通的平装书，打开时书脊的部分会浮起来，
能够大幅度打开。本书日文原版的装订也采用了这种方式。

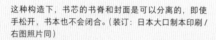

这种构造下，书芯的书脊和封面是可以分离的，即使
手松开，书本也不会闭合。（装订：日本大口制本印刷 /
右图照片同）

书芯的书脊处贴的皱纹纸
有黄褐色和白色两种。

腔背平装书使用了只需在书脊上薄薄涂上一层就能有很高牢固度的黏合剂 PUR，并且它也是开合方便的平装书之一。平装书的生产线就可以加工。

首先，在书芯的书脊上用 PUR 贴上被称为"皱纹纸"的纸张（日本本间制本则用"内垫上浆纱布"）。接下来用封面包裹，书芯的书脊部分不粘上，而是在书芯封面和封底距离书脊 5~10mm 的地方涂上两条窄窄的 PUR。于是，因为封面和书芯的书脊没有粘在一起，书页可以很轻松地打开到订口部分，成为可以摊开阅读的书籍。将胶水涂在皱纹纸上面一点的位置，可以将皱纹纸藏起来，即使没有环衬也没关系。

能够制作的尺寸和平装书生产线能做的大小一样（A6~A4 或者 B4），根据装订公司不同而不同。

装订小情报

■ **成本预测** | 比普通的平装书略贵。

■ **生产规模** | 基本上是机器装订，适合量产。

■ **装订公司举例** | 日本大口制本印刷、日本本间制本。

勒口折封面（雁垂封面）

将平装书的封面做得比书芯长一些，然后折起来，
这就是勒口折封面，也称"雁垂封面"。

乍一看就是普通的平装书，
封面却是折叠的。

封面展开的话就是这样的。

让平装书的封面充满多样性的方式之一就是勒口折封面。先做出比常规的稍长一些的封面，再将超出书芯的部分折起来。一般追求设计感时会采用这种装订方式。

做法是首先将内文的书页按页码顺序进行配页后，只裁切书的外切口。然后裹上封面，将封面在外切口刚刚好的位置上向内折叠，再裁去上下切口就完成了。有的装订公司也会事先将封面的两端折好，在最终要裁去的部分上做临时固定，在折叠好的状态下包裹书芯。

这种装订方法有没有环衬都可以，如果要有的话一般是夹在向内折叠的勒口里面。

装订小情报

■ **成本预测** | 比起普通的平装书，封面花费的纸和加工费更多，相对应的也更贵。

■ **生产规模** | 都可以，但小批量的话单价会更高。

■ **装订公司举例** | 日本博胜堂。

圆脊勒口折（雁垂封面）

折起封面纸的两端形成有勒口的装订方式被称为"勒口折封面"。
这通常是方脊的平装书，但日本加藤制本可以制作圆脊且有飘口
的勒口折封面。

勒口折封面也称"雁垂封面"，封面的两端有折叠。乍一看可能觉得和一般的平装书一样，但其实，普通的平装书是按照配页后固定书脊，贴上封面，最后裁去书口的工序完成的。但勒口折封面是配页、固定书脊后只裁去外切口一侧，之后再一次放入装订机，贴上两头向内折叠的封面后裁切上下切口。正是因为多了这样一道工序，多费些工夫，所以成本也比普通的平装书要高。勒口折封面因为在平装书上才会使用，所以基本上也和其他的平装书一样是方脊。但日本加藤制本的圆脊勒口折样式打破了这种常识，实现了像精装书一样有飘口，又有着圆润圆脊的装订方法。可以制作的尺寸范围是 A6~A4。书的厚度如果不够的话就无法形成漂亮的弧形，所以能做出来的书籍厚度范围在 5~60mm。封面和精装书不同，不是包了芯材的封面，而是一张纸。推荐 32 开，130kg 以上的纸张。堵头布、飘带、书芯不切上切口等装饰都可以选择。

○ 前后封面向内折叠的
勒口折封面

前后封面往内侧折叠的勒口折封面。封面合上的话勒口侧会稍微长一点。

○ 日本加藤制本的圆脊勒口折

日本加藤制本的圆脊勒口折是用一张纸做成封面的，有飘口，书脊是圆脊。

前后封面往内侧折叠的就是勒口折封面（雁垂封面）。日本加藤制本可以做出特殊的造型。

封面用激光切割后的圆脊勒口折的书籍。
能够透过封面切割出的图形看见勒口处贴上的另外印刷的图案。

装订小情报

■ **成本预测** | 勒口折封面比普通的平装书贵。圆脊勒口折比普通的精装书便宜。

■ **生产规模** | 都可以，适合量产。

■ **去哪里做？** | 经营平装书的公司都可以制作勒口折封面。圆脊勒口折是日本加藤制本的专利。

■ **装订公司举例** | 日本加藤制本。

切角平装书

使用裁切机切去一角等等，可以稍加工序使得书籍变成变形本。
虽然能做出来的造型有限，但节省了特殊造型的加工费，
是这种方式最大的优点。

当我们想要做出非四角矩形而是变形的书时，通常是做一个巨大的曲奇模具一样的东西，再用它去塑形加工。因为加工费会很贵，所以也常常不能实现。这时虽然能做出的造型有限，但是还有用裁切机切出特殊造型这一招。裁切机的刃是一条直线，能切出来的形状有限，如果是本页图示的书籍一样，切去书角就能做出的形状的话，因为切角的位置是固定的，只需简单做一个模具，将书放置好裁切即可。

这种方式可以做出标签形状，或是像三角屋顶的房子等让人意想不到的造型。可以在成本不过分提高的前提下实现变形书籍或册子的制作。

在书芯的书脊处预先打好被称为"网代"的切口，打好孔之后再进行配页。配页后用装订机固定书脊时，使用染料上色过的胶水。

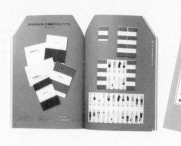

平装书裁切好后，将上半部的两个角斜45°切去，就变成了标签形状的书。

装订小情报

■ **成本预测** | 比平装书稍贵些许，比特定造型的装订要便宜很多。

■ **生产规模** | 因为是裁切机制作的，所以也可以小批量制作。

■ **装订公司举例** | 日本图书印刷。

明信片式装订

明信片式装订是书芯可以一张一张

剥离出来使用的样式。

精装书和平装书都可以使用这种装订。

精装书的明信片装订。每一页都可以抽出来当作明信片使用。

《sekiyurio·四季的活版明信片装订》(《セキュ リヲ·四季の活版ポストカードブック》) (Graphic 社刊)

顾名思义，明信片装订是将多枚明信片做成一本书，每一页都可以撕下来作为明信片使用的装订方式。图示的装订方式就是明信片装订。因为每一页都可以撕下来用，而且是无线胶装（参考 70 页），因此这种装订方式又称剥离式无线胶装。

根据黏合剂的涂抹方法的不同，撕下来的难易程度也会不同，所以这种装订方式很看经验和技术，装订者的经验不同，会导致最终成品有所差距。

明信片装订既可以用于精装书，也可以用于书芯和封面大小一样的平装书。两者都可以制作出来。

> **装订小情报**

■ **成本预测** | 比普通的精装书（平装的话则是比普通的平装书）单价要贵。

■ **生产规模** | 多是机器制作，所以基本上是量产。

■ **去哪里做？** | 制作精装书、平装书，且有实际操作经验的公司（上图书籍由日本图书印刷装订）。

第 3 章

骑马订、平订
及其分类

骑马订

它可以说是我们身边最常见的装订方式。

在纸张中间用订书钉固定住纸张，这就是骑马订。

根据工序不同，封面和内页也可以实现多姿多彩的变形加工。

○ 基础的骑马订

骑马订是将对折
（装订加工时也有折
叠更多次的时候）的纸重
叠，在纸张正中间用订书钉固定住的装订方式。

订好的订书钉。这里使用
的是铜色的订书钉。

使用黄铜铁丝的金色订书钉。

最常见的银色订书钉。

因为只订住了正中间，所以可以180°摊开。

在宣传册或小册子之类的书本上经常见到的骑马订，是在册子的最中间部分订入订书钉来制作书籍的装订方式。

将印刷或加工好的内页或封面，提前在别的机器上折叠或裁切好后放到骑马订的装订机上，从成品最中心的页码开始一层一层叠放，最后放上封面，在书脊的部分订入订书钉固定好，最后裁去书口，修整一下外观就完成了。这是骑马订基本的工序。

订书钉一般用银色，也有用金色和铜色的情况。关于订入的订书钉数量和间隔，如果没有特定要求，就根据书的大小来决定。如果你有自己的想法，虽然每家装订公司的自由度不一样，但是一般来说一本书使用 3 个订书钉，每个订书钉间隔 8cm 之类的要求还是可以提的。

因为骑马订一般来说是比较便宜的，通常没法做出很有特色的样子。但是它也能做成平装书或者精装书，二者各不相同。也有用其他装订方式制作困难，但用骑马订可行的情况。接下来几页将结合照片介绍上述的几种情况。

○ 变形的书页也可以用骑马订

运用了独特技巧，将脱模后的封面放在内页正中间，然后用订书钉将其固定。

电影《一键成名》（*Typist*）的宣传册（设计：大岛倚提亚）。在仿佛是打字机一般的封面（粉色部分）中可以看到犹如打字机打出来的纸张内页。

○ 封面是经折装的骑马订

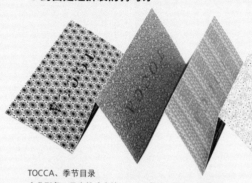

TOCCA、季节目录
企业形象：日本株式会社 onward 樫山 / 摄影：伊藤彰
纪（aosora）/ 发型：Go Utsugi（PARKS）/ 化妆：村松朋广
（SEKIKAWA OFFICE）/ 艺术指导：加藤贤策（LABORATORIES）
/ 设计：和田真季（LABORATORIES）/ 印刷：sanemu 色彩 / 装
订：日本被原纸工 / 装订指导：被原庆丞（日本被原纸工）

乍一看像普通的骑马订，其实是
封面变成宛如蛇行的经折装。改
变一下装订方法，就可以达到这
种效果。

○ 双重骑马订

这一本也是，乍一看是普通的骑马
订，其实长长的封面两侧是由两本
骑马订的册子合二为一的。这需要
过两次装订机才能实现。

Mercari Sans 字体
样本艺术指导：Taro Yumiba
（Takram）、Sonoka Sagara（Mercari）/
设计师：Sonoka Sagara、Jeongun Woo、Akiko
Kurono（Mercari）/ 装订指导：被原庆丞（日
本被原纸工）

○ 书芯对折全书经折后的骑马订

田幡浩一作品集 *one way or another*
委托方：Yutaka Kikutake Gallery
（http://www.ykggallery.com/）艺术指导：木村稔将 /
印刷：sanemu 色彩 / 装订：日本筱原纸工 / 装订指导
（方向）：筱原庆丞（日本筱原纸工）

看向外切口（没有订起来的那一边）
就知道，纸张被对折了。可是外切口
依然是整齐的，这很厉害！

是在内页都折叠好的状态下装订的。内侧和外侧的内页
长度稍有区别，但因为外切口最后不做裁切，所以可以
对每一页的尺寸进行微调。

可以看出是比较
结实的骑马订。

※ 日本筱原纸工因为设备更换，现在已
经不能生产这种装订方式的书籍了。

装订小情报

■ **成本预测** | 在各种装订方式中属于比较便宜的。

■ **生产规模** | 因为骑马订使用装订机，是价格比较合理的装订方式，适合量产。

■ **下单须知** | 根据所用的纸张和内文的页数，内侧和外侧的书页尺寸会有所变化。
如果想要严格设定余白的话，要决定好材料，做出样书确认大小，提前做好准备。
另外，不能制作变形本的公司也很多。

■ **去哪里做？** | 拥有骑马订装订机的公司。日本有许多这样的公司，但是能做出
变形本的公司很少，这一点要提前确认。

骑马订（纸质订书钉）

在订口处钉入订书钉进行固定的骑马订，
通常使用的都是金属订书钉，不用金属订书钉反而使用纸捻子的
就是纸质订书钉。纸质订书钉色彩鲜艳，非常美丽。

你想要将骑马订的订书钉换成彩色的，但是银色以外的金色、铜色也不理想，要是还有别的颜色……如果使用纸质订书钉的话，这种想法就可以实现！

所谓纸质订书钉，是将骑马订使用的订书钉，从普通的金属制换成纸质的纸捻子。纸怎么能够固定得住呢？你或许会有这样的疑惑。将纸捻子做成专用的纸线后订入册子的书脊，在内侧的订口处加入胶水，加热

加压后完成。这样可以使书籍牢固地装订好，并且做出来的牢固度和耐用性不像是纸能做出来的。这种装订方式的魅力在于，册子本身和装订用的工具全都是纸做的。

经营着纸质订书钉的日本中正纸工，除了常备的标准 7 色外，还有荧光色等总共 20 多种颜色。同时，其独特的纸捻子制作也获得了 FSC（Forest Stewardship Council，森林管理委员会）认证，可以制作 FSC 认证

○ 不同的颜色也可以做

两个纸质订书钉可以选用各不一样的颜色。

○ 便携（portable）机的话还能做得更厚

使用便携机的纸质订书钉
连这么厚的纸也能装订。

制品。可以装订的尺寸从常规的名片大小到 A3。纸质订书钉装订基本上是打两个订书钉。册子最厚能做到 40 页 32 开，55kg 的内页再加封面。骑马订是对折完成的，折叠前的厚度在 1mm 以下的话可以用机器自动加工。超过这个厚度或是尺寸，则需要使用便携机手工作业。

○ 纸质订书钉颜色丰富

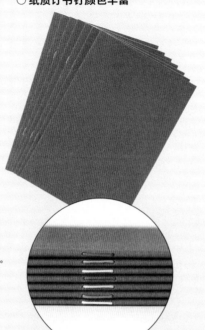

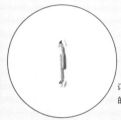

订口是用胶水粘住的，所以非常耐用。

纸质订书钉用的纸捻子。为了装订使用进行过特殊加工。

这里的骑马订使用的是纸质订书钉。可选的颜色除了标准 7 色外，还有 20 多种原创颜色。

(装订小情报)

■ **成本预测** | 比普通的骑马订贵，但在装订方式中属于相对便宜的。

■ **生产规模** | 量产的话适合全自动机器，小批量则使用便携机。

■ **下单须知** | 纸质订书钉如果沾水，涂有胶水的订口会坏掉。如果书本有可能会遇水，最好选择金属订书钉。

■ **装订公司举例** | 日本中正纸工。

厚骑马订

骑马订的魅力在于成本低廉、手持轻快。
厚度超过 15mm 的骑马订会很有视觉冲击力，
但能够制作的公司很有限。

方便翻阅、手持轻快，以及最重要的成本低廉，这些都是骑马订的魅力。日本的漫画杂志或周刊志经常使用这种装订方法。封面和书芯重叠后对折，在其正中间打入订书钉。正因为这种工序，所以厚度超过 10mm 的话会变得难以装订。

专门经营周刊志、漫画杂志的装订公司日本尾野制本所是擅长装订厚书的公司。他们将瑞士马天尼公司的"ONO 版本"骑马装订机改装，使之可以用杂志使用的较厚的磨木纸来做

更厚的书芯或 B 系列纸张、变形尺寸的装订。该公司可以装订的范围是 A5 到 B4，最厚能做到 20mm。

由于骑马订的构造和装订机器的特殊性，书的前半部分和后半部分会有 5mm 左右的落差（一边会更短），内侧和外侧的书页大小也不同，越靠近订口书页越短。这是它的特征。因此，不希望被裁掉的文字或页码的部分应该远离切口。至于外侧和内侧到底差了多少，则需要做出样书来实际测量。

骑马订的书籍越厚，角就越容易崩掉，这个现象想要完全避免是很困难的。

骑马订本来就是前半部分和后半部分的内页大小有所差异，太厚的话书本就会像这样变歪。这也是避免不了的。

○ 厚度超过 20mm 的厚实骑马订

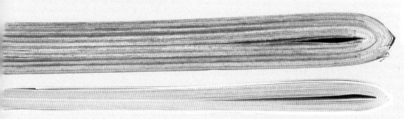

该图上方是厚度超过 20mm 的骑马订。即使在擅长装订厚书的日本尾野制本所，这也是现在最厚的纪录。下方是厚度在 10mm 左右的骑马订，气势上显然比不过厚度超过 20mm 的。

(装订小情报)

■ **成本预测** | 在各种装订方式中属于非常便宜的。

■ **生产规模** | 适合量产。

■ **下单须知** | 根据使用的纸张和页数不同，中间和卷首卷尾部分的书页会有数毫米的大小差异。书籍越厚，这种差异越大，所以需要提前做出样书确认大小。决定好做厚骑马订的时候，最好和装订公司商议一下。

■ **去哪里做？** | 日本有非常多经营骑马订的公司，但是否能做厚书需要确认。

■ **装订公司举例** | 日本尾野制本所。

骑马订（蝴蝶订）

不在册子上额外打孔也能把册子整理起来，
让骑马订的订书钉反向凸出的装订方式。
因为其形状像眼镜也被称为"眼镜装订"。

想要将月报或内容连续的书籍装订整理时，蝴蝶订就是一个很好的选择。蝴蝶订的订缝是小小的孔，所以不需要给册子本体打洞就能对册子进行整理。因其形状，它也被称为"眼镜装订"或"小圈装订"。

蝴蝶订需要在骑马订的机器中加入专用的小零件，一次同时可以打两个洞。该装订原来的用途是用两孔活页夹整理书籍，因此两个洞的间隔是8cm，现在可以调整变更了。你也可以在书脊的正中间打一个洞，这种就经常被用在挂历的钩子上。

小洞的形状是由钉子通过特殊的部件按压形成的，不是什么形状都能做。

蝴蝶订的册子
《Coquette 品牌手册》（*Coquette Brand Book*）
Coquette 株式会社（www.coquette.jp）/ 摄影：川上辉明（bean）/ 艺术指导：成田久（kyukyukyu 公司）/ 装订指导：筱原庆丞（日本筱原纸工）

* 日本筱原庆丞因为设备更换，现在已经无法生产这种式样的骑马订了。

> **装订小情报**

■ **成本预测** | 装订机的设置需要花些时间，所以比一般的骑马订成本要高一些。

■ **生产规模** | 因为是机器生产，所以适合量产。

骑马订（逆订）

订书钉的平口部分出现在书脊内侧的逆骑马订。

因为外侧有封面，所以书的书芯或外侧

都不会被钉子扎到手。

与一般的骑马订相反，书籍内侧的订书钉没有露出钉子的两端。

内页是逆骑马订，在上面覆盖了封面。
《好多的不可思议》（《たくさんのふしぎ》）
（日本福音馆书店／装订：日本大村制本）

　　常规的骑马订是从册子的订口外侧向内侧订入订书钉的，因此内侧的订书钉两端弯曲闭合。骑马订（逆订）是将订书钉从订口反方向订入。订书钉的两端不在订口内侧，而是会出现在外侧。因为外侧基本上会覆盖封面，所以内外都不会有订书钉的尖端，不用担心会伤到读者的手指或指甲。

　　日本大村制本做过大量的绘本和儿童用书，多数采用了逆订。虽说可以加工的范围和纸张厚度以及纸质有关，一般来说可以装订的上限在 56 页 32 开，135kg 的铜版纸这个程度。

页数太多书太厚的话，最后贴上封面裁切的时候，书脊的角可能会有变形，无法做到整齐、美观。

（　装订小情报　）

■ **成本预测**｜装订本身的成本比骑马订贵，比车线装订要便宜。

■ **生产规模**｜因为是机器生产，所以适合量产。

■ **装订公司举例**｜日本大村制本。

97

车线装订

将有厚度的卡纸封面和内页叠起，
在订口的正中央缝出一条直线，这就是车线装订。

用红色的线将订口车起来
的车线装订笔记本。

中川绘本教室。

在内页和封面重叠打开的状态下，将订口部用缝纫机车线，然后将其对折，就成了车线装订。也可以说这只是车线装订精装(参考第56页)的书芯部分，不过这种装订将封面也一起车起来了，在书脊上也可以看到装订的车线这一点很有吸引力。线的颜色是可以选择的，可以像上面的照片一样使用彩色丝线，使之成为很好的点缀。

你既可以选择像照片中那样露出装订的车线，也可以在它上面贴上装订胶带进行加工。

(装订小情报)

■ **成本预测** | 单价的排序是锁线精装 > 车线装订精装 > 车线装订平装 > 骑马订。

■ **生产规模** | 小批量也能生产，但基本上是量产。

■ **装订公司举例** | 日本大村制本。

魔术折装

一张纸，经过裁切、折叠等加工后，
就可以变成 8 页的册子，这就是魔术折装。

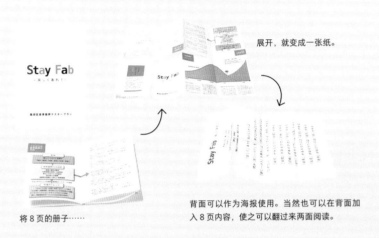

展开，就变成一张纸。

将 8 页的册子……

背面可以作为海报使用。当然也可以在背面加
入 8 页内容，使之可以翻过来两面阅读。

魔术折装不需要使用胶水。在纸张中间划入切痕，将其放入折叠机中纵横折叠过后，就变成了 8 页的册子。虽说这是不需要涂胶水的简易装订方式，却也因此可以将册子展开并还原成一张纸使用，这是它的特征之一。

一张纸变成 8 页的小册子，内侧的那一页比外侧的小上 1~2mm。如果尺寸错了，就无法美观地完成装订，所以需要提前和装订公司讨论，确定好打开后的尺寸。如果委托日本筱原纸工公司制作的话，假设是成品为 A6~A4 的册子，只需放进折叠机一次就能划入切痕并折叠好。

> **装订小情报**

- **■ 成本预测** | 在各种装订方式中属于比较便宜的。

- **■ 生产规模** | 机器制作的话适合量产，但小批量也能生产。

- **■ 装订公司举例** | 日本筱原纸工。

99

平订

将金属订书钉从上订入重叠好的纸张中。

装订简单但牢固度很好，

虽然订口侧不方便翻阅，却也瑕不掩瑜。

○ 将订书钉作为设计的一部分

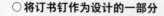

最前面撕去几张纸的设计。

FACETASM 19SS COLLECTION INVITATION 艺术总
监、设计：安田昂弘（CEKAI）/ 设计师：森田良明 /
装订指导：筱原庆丞（日本筱原纸工）/ 制作人：板
东纱罗（CEKAI）/ 委托方：FACETASM

这是仿佛记事本被撕破了一
般、充满设计感的邀请卡。
最下面是厚厚的粗纸板，上
面是重叠的薄纸，用带状的
厚粗纸板夹起来了。在上面
订入比常规的略粗的订书
钉。略显粗糙的平订订书钉
也显得帅气。

平订是把几张纸叠起来，用订书机咔嚓一下订起来的装订方式。虽然订书钉的粗细大小不同，牢固度也不同，但把所有内容一视同仁地钉起来就是平订。将书芯和封面、笔记本等和打底用的厚纸重叠，在装订处距离天头 5mm 的地方订上金属订书钉。

这种装订方式常用于传票或报告书等简易的文件装订中。原本平装书和精装书的书芯也是需要先平订再装上封面的。即使现在，传票也要在平订完后裹上书脊布来完成，这种装订方式常被用在需要从外观上看不出订书钉的地方。

但是，平订的话，距天头 5mm 左右的地方要被订入订书钉，订起来的内页就看不到了。也就是说，订口没有办法全部打开，页面会变得有些狭窄，这一点需要留意。

最近有观点认为，这种一直以来就有的，看似粗糙、朴素的订书钉装订很帅气，因而特意从追求设计感出发使用这种装订方式。左页图中的邀请卡正是一个绝好的例子。只要使用方法得当，过去的装订方式也能在现代焕发新的魅力。

装订小情报

■ **生产规模** | 订订书钉的环节基本上是手工操作，量大的话会很花时间。小批量也能生产。

■ **下单须知** | 平订的话书籍无法打开到订口，版面会变得狭窄。

■ **装订公司举例** | 日本筱原纸工。

平订 (纸质订书钉)

与本书第 100 页介绍的平订是同一种装订方法,
但使用的订书钉不是金属材料, 而是纸捻子,
这就是纸质订书钉的平订。

○ 纸质订书钉的颜色十分丰富

内侧。纸质订书钉的端口折起后用胶水
进行加固,因此有足够的牢固度。

纸质订书钉的平订。一本册子
可以换不同颜色的订书钉。

平订的钉子一定会在订
口内侧,所以打开时订
口部分会被挡住。

平订是在重叠的纸上订入钉子的装订方式。日本中正纸工的纸质订书钉平订，使用的是纸捻子做成的订书钉。其特征已经在第 92 页介绍过了。

日本中正纸工的常备纸质订书钉颜色有黄、粉、白、紫、红、绿、深绿等 7 种，更有 20 余种原创色。

纸质的订书钉被两端折起，再用胶水固定，所以也较为牢固。纸捻子的颜色不只是标准 7 色，日本中正纸工的原创色有 20 种以上，十分丰富，可以根据每份册子的调性选择合适的颜色装订。

订书钉本身是用纸搓出来的纸捻子，所以跟传统日式风格很搭，跟和纸也很搭。

册子和订书钉都是纸质的，安全且环保。另外，日本中正纸工独特的纸捻子素材通过了 FSC 认证，是对环境友好的产品。

使用手工作业的便携机的话，册子的尺寸、厚度、订书钉的数量等能够比应对自动机装订时更为灵活。

> **装订小情报**
>
> ■ **成本预测** | 比普通的平订要贵，但在所有装订方式中属于相对便宜的。
>
> ■ **生产规模** | 因为是使用便携机加工，所以可以小批量生产。量产比较花时间。
>
> ■ **下单须知** | 纸质订书钉如果沾水，涂有胶水的订口会坏掉。如果有可能会遇水的话，最好选择金属材料的订书钉。
>
> ■ **装订公司举例** | 日本中正纸工。

W装订

将封面和书芯重叠，在书的中缝进行装订的方式有两种：

骑马订（逆订）和车线装订。

同时采用这两者的装订方式是 W 装订。

W 装订常被运用在希望便于翻阅且牢固的书本制作上，比如幼儿园的联系本之类的产品。这是同时使用骑马订和车线装订两种方式的装订方式。正因如此，这样装订出来的产品就算每天打开闭合、写写画画也不会损坏，非常坚固。而且一般的骑马订，订书钉的尖尖会在最中间的一页露出来，有可能会划伤使用者的指甲或手指。但 W 装订是从书的内侧向外侧订入订书钉，外侧的书脊又用书脊布裹住了，不会露出钉子的尖端。这种装订方式，如果没有车线装订和骑马订的装订机以及包裹书脊布所用的设备，是无法完成的。

它的制作方法是，首先将封面和内页全部叠起来，在中间部分车线。然后在中间订入订书钉。一般是封面放在最上方订，但这里是书芯放在上面。之后，保持书芯朝上的状态对折，使封面在最外侧。最后裹上书脊布，精巧的 W 装订的制作就完成了。

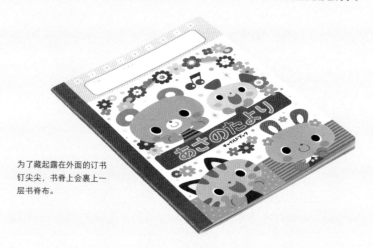

为了藏起露在外面的订书钉尖尖，书脊上会裹上一层书脊布。

○ 同时使用骑马订和车线装订两种方法装订

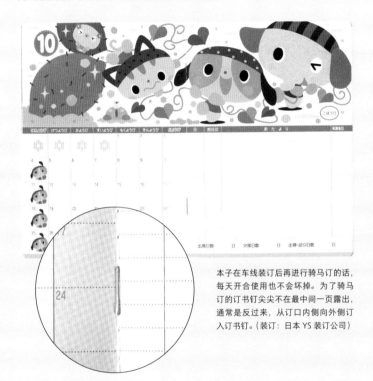

本子在车线装订后再进行骑马订的话，每天开合使用也不会坏掉。为了骑马订的订书钉尖尖不在最中间一页露出，通常是反过来，从订口内侧向外侧订入书钉。（装订：日本 YS 装订公司）

(装订小情报)

■ **成本预测** | 使用了两种装订方式，比普通的车线装订要贵。

■ **生产规模** | 适合量产。

■ **下单须知** | 封面和内页重叠后太厚的话，车线装订就做不了了，厚度上限为 5mm。书芯上限为 64 页左右，32 开，70kg 的胶版纸。可以装订的尺寸范围是 A6~B6。

■ **去哪里做?** | 有骑马订装订机、车线机、包裹书脊布设备的装订公司。

■ **装订公司举例** | 日本 YS 装订公司。

胶水装订

正如其名，这是不用钉子直接用胶水
将纸张贴合起来的装订方法。
尤其是使用 NORITOGIC 系统，可以进行变形装订。

所谓胶水装订，是指不使用订书钉，而是用胶水来装订书籍。这也是因环保而备受瞩目的装订方式。有时是折叠机里有涂胶水的部件，有时是在轮转印刷机中印刷后上胶，有时是活用了配页机作为胶水装订的专用机器来实现。日本筱原纸工开发的 NORITOGIC 系统是活用了锁线胶装机。在锁线胶装机中放入涂胶水的部件，在书本的对折处上胶，并从上往下放置下一个对折页。这是日本筱原纸工取得专利的装订方式。

NORITOGIC 系统最大的特征是，可以加入上下展开的特大拉页，或是加入不规则的折叠面。如果利用好这个特性，可以制作出每一页大小都不同的册子。

这种装订方式，最小可以做到长宽 100mm × 64mm，最大可以做到长宽 475mm × 305mm。比最小的尺寸还小的话，可以在装订机做出来之后再做裁切，因此可以制作袖珍本。

○ 用水性胶装订

这是不用订书钉装订的胶水装订的册子。日本筱原纸工使用了自己开发的 NORITOGIC 系统。（装订：日本筱原纸工）

胶水装订的 NORITOGIC 系统以夹入上下可以打开的特大拉页为特征。这本册子中就有向上展开的拉页。

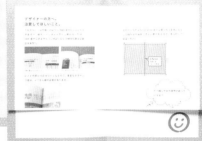

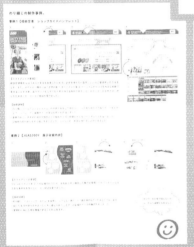

胶水装订是在正中间的书芯（折叠处）一侧上胶的，因此，后半部分就无法翻开到订口。

装订小情报

■ **成本预测** | 在各种装订方式中属于比较便宜的。

■ **生产规模** | 适合量产。

■ **下单须知** | 因为使用了水性胶，所以优泊纸之类的合成纸、金箔纸、珠光纸等不渗水的纸张是不能用的。另外，订口一侧（涂胶水侧）需要留出 2.5~3.5mm 涂胶水。这一部分不能有墨水，需要留白。另外，配页等方法与骑马订不一样，需要提前咨询。

■ **去哪里做？** | 引进了 NORITOGIC 系统之类的胶水装订用的机器的装订公司。

压纹式装订

乍一看是普通的骑马订册子，仔细观察就能发现这种装订方法没有固定纸张的订书钉。不仅如此，它也没有使用胶水，也不用加热，只需要加压就可以完成。

○ 把纸张放入上下相异的锯齿模型中加压

这是压纹式装订的册子的封四（封底）。订口（书脊）附近明显可见有锯齿痕。夹在机器上下的齿型中挤压，其纤维就会糅合到一起，完成装订。

不是在订口处，而是在订口一侧的 5~6mm 处装订，所以册子后半部分无法翻开到订口。

从书籍正面的外观上来看，像是普通的骑马订册子。

不用钉子、胶水，也不用加热。当被问道："那要怎样才能装订呢？"的时候，能给出的答案就是让人惊奇的压纹式装订了。这是无须使用任何其他材料，只用齿型挤压就能装订的方法，需要专门的骑马订装订机。

在机器上下安装的齿型中放入配页好的纸（封面和书芯一起），让上方的齿上下移动施加压力，使纸张的纤维糅合到一起，从而完成装订。这属于骑马订的一种，但齿型挤压的不是订口的正中间，而是书芯后半部分距订口处起5~6mm处。因此，书的对折处往前可以180°打开直到订口，后半部分却不能。一旦订好的纸，如果不是用非常强劲的力量拉扯使其变形，是无法轻易解开的。

因为不使用订书订，在需要考虑环境保护的企业或政府，或是混入异物就会产生大问题的食品或是化妆品行业之类的企业，就经常用这种装订方式来制作宣传册。

制作时，封面和书芯均需使用实际的材料进行装订测试。有能装订的纸和不能装订的纸，有时候纸的纤维不能很好地咬合就做不出来。合适的纸张尺寸最小A6最大B4，能做16~32页的册子。

装订小情报

■ **成本预测** | 从装订机的特性出发，装订速度是一般的骑马订的一半，因此成本翻倍。

■ **生产规模** | 适合量产。

■ **下单须知** | 如果纸上沾有墨水就不适合这种装订了。切记挤压齿型的后半部分的内页在订口起5mm左右的范围内不能有墨水或漆。纸张的合适程度排序为精装纸（非涂工纸）> 亚光铜版纸 > 铜版纸。所用纸张不同，与这种装订的匹配度就不同，因此正式开工前必须先实际测试一下。

■ **去哪里做？** | 有NORITOGIC系统的装订公司。现在依然很少。

■ **装订公司举例** | 日本多田纸工。

骑马订（随意对折）

每一页都从不同角度用机器随意对折，

再将其配页后用骑马订固定，就成了骑马订（随意对折）。

从常识出发，折叠机在折纸时是将纸张横平竖直地进行折叠。但日本筱原纸工公司打破了这种常识，他们做到了将纸张非对称对折。《设计的抽屉》连载的《不过是祖父江慎的实验。》（《祖父江慎の実験だもの。》）中提出"像人折的一样，乱七八糟地折一下，这种感觉机器可以做出来吗？"的实验。日本筱原纸工正是以

"随意对折"的做法回应了这个疑问。随后，同连载的"随意对折可以做成骑马订的书籍吗？"这个疑问也得到了回答。日本筱原纸工实现了纸张的非对称折叠，成功做出了每一页都是错开的骑马订册子。当然，这些都是用折纸机和骑马订机器实现的，不是手工操作。

普通的骑马订是将全张纸折叠重

○ 应用了随意对折的骑马订

这个乍一看不像是骑马订，但这运用了随意对折，是所有页都以统一幅度斜向错开的装订方式。

TALO 秋季自由设计活动 2019DM TALO 国际公司 / 艺术指导：守田笃史（株式会社纸张游行）/ 装订指导：筱原庆丞（日本筱原纸工）

最终效果是，看起来每一页都像是变形的长方形，实际翻开后却都是正常的长方形。这是通过斜向折叠重合，再加以骑马订，从而实现斜向错开的效果。

合后，最后裁切的。骑马订（随意对折）最后没有切边的环节（切掉就变直线了……），需要改变每张纸倾斜的幅度，再将好几张叠在一起，订上订书钉。除了骑马订，还可以做成平装书。

《设计的抽屉》连载的《不过是祖父江慎的实验。》中，实验能否将随意对折装订成骑马订的时候日本筱原纸工做出来的册子，纸张边缘是不对齐的。

打开也是不对齐的。

※ 日本筱原纸工因为设备更换，现在已经不能做这样的骑马订了。

○ 骑马订（随意对折）

是骑马订装的。

┌─ 装订小情报 ─┐

■ **成本预测** | 设置比较花时间，所以比普通的骑马订要贵一些。

■ **生产规模** | 机器装订，适合量产。小批量的话手工作业更快。

■ **下单须知** | 纸张需要倾斜多大幅度之类的问题，需要提前商定，并且需要做样本。

第 **4** 章

难以归类的
装订

裸脊锁线装

裸脊锁线装，是将制作中途的精装书直接作为成品的装订方式。

将内页锁线后，在书脊上薄涂上一层胶水就装订完成了，

裸脊的做法十分受欢迎。

○ 可以直接看到书脊上的线

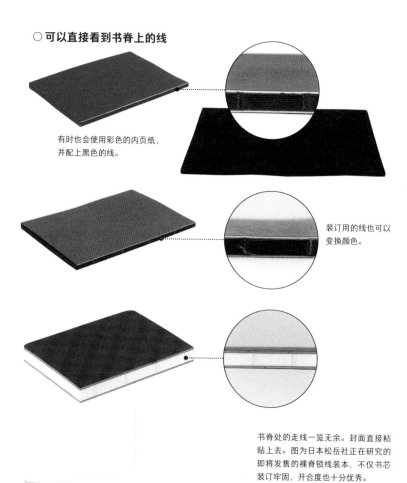

有时也会使用彩色的内页纸，
并配上黑色的线。

装订用的线也可以
变换颜色。

书脊处的走线一览无余。封面直接粘
贴上去。图为日本松岳社正在研究的
即将发售的裸脊锁线装本，不仅书芯
装订牢固，开合度也十分优秀。

在精装书的制作过程中，需要将内页串线，再加固书脊（在用线固定好的书脊处上胶），而裸脊锁线装则是在完成这两步后，将书口裁切就装订完成了。精装书则还有别的工序，需要将另外制作的封面装订上才算完成。因为裸脊锁线装是裸脊的，与其他装订方式相比翻阅更加灵活，开合度也更好。只是，裸脊锁线装在制作过程中没有使用通常用在精装书装订中的上浆纱布，也没有粘贴环衬和封面等工序，因此牢固度略有不足。但也有公司针对这点进行了深入研究，如左图提到的日本松岳社对在书脊处使用的胶水进行研究，保证笔记本在反复开合，或是从包中来回拿取时不会轻易损坏。

一般来说，裸脊锁线装只有书芯，但除此之外，你也能在正反面贴上封面，或是套上护封、腰封等。

裸脊锁线装使用的线的颜色并不局限于黑白两色，你也可以选择其他颜色，只需要和装订公司提前沟通就可以了。

也许是因为越来越多的人喜欢上了装订过程中那种粗野的感觉，裸脊锁线装在近10年中的使用频率越来越高。它首次在《设计的抽屉》杂志中被提起时（大概15年前），还有许多人不知道什么是裸脊锁线装。而如今，这已经是所有装订公司都耳熟能详的主流装订工艺了。

装订小情报

■ **成本预测** | 根据是否粘贴封面以及使用何种加工方式，价格会有很大差异，但最基础的裸脊锁线装要比精装书便宜。

■ **生产规模** | 都可以。

■ **下单须知** | 裸脊锁线装没有精装书那样的封面，因此牢固度略有不足，需要在事前与装订公司确认。

■ **去哪里做？** | 可进行精装书装订的公司。

■ **装订公司举例** | 日本松岳社。

裸脊锁线装（上浆纱布）

裸脊锁线装的一种，精装书的书芯部分被一览无余。

这是一种用上浆纱布包裹书脊的装订工艺，在提高书籍牢固度的同时，

也使书的外观更具半成品感。

○ 用机器将特制的上浆纱布胶带贴上

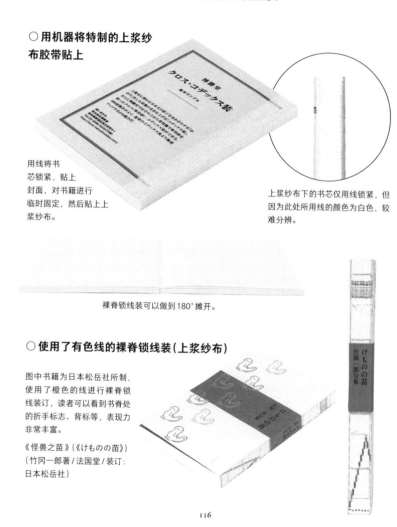

用线将书芯锁紧，贴上封面，对书籍进行临时固定，然后贴上上浆纱布。

上浆纱布下的书芯仅用线锁紧，但因为此处所用线的颜色为白色，较难分辨。

裸脊锁线装可以做到180°摊开。

○ 使用了有色线的裸脊锁线装（上浆纱布）

图中书籍为日本松岳社所制，使用了橙色的线进行裸脊锁线装订，读者可以看到书脊处的折手标志、背标等，表现力非常丰富。

《怪兽之苗》（《けものの苗》）（竹冈一郎著 / 法国堂 / 装订：日本松岳社）

这本来是用于精装书书芯装订的方式，但裸脊锁线装是不包裹封面，将书芯裸露作为成品的装订方式（参照第114页），成品不仅外观上看起来十分有趣，开合度也很不错。近几年来，越来越多的书籍采用了这种装订工艺。在原本精装书的装订流程中，粘贴封面之前还应该有添加环衬或上浆纱布等步骤来提高书籍的牢固度，因此裸脊锁线装不免让人产生牢固度不足的担心。

基于这种考量，裸脊锁线装（上浆纱布）就出现了。在书芯锁线后临时固定的状态下，将一层上浆纱布胶带粘贴在书脊处，不仅提高了书籍的牢固度，也保留了那种半成品的感觉。但实际上这种装订工艺并没有正式名称，是《设计的抽屉》编辑部为了方便起见起的名字。

以匠心装订著称的日本博胜堂也常做裸脊锁线装。他们制作了特制的胶带型上浆纱布，用机器将其贴合在书脊上，因此制作裸脊锁线装（上浆纱布）也易如反掌。一般情况下，贴上浆纱布需要先在书脊上上胶，再仔细地粘上一层事先裁好的上浆纱布。在裸脊锁线装的装订过程中，这一步骤通常是由人工完成。而日本博胜堂实现了这一步骤的机械自动化，令人十分欣喜。

裸脊锁线装（上浆纱布）不仅使书便于开合，还能不改变原有装订工艺的特色，可以说是两全其美。

装订小情报

■ **生产规模** | 以日本博胜堂为例，因实现了自动化贴上浆纱布工艺，可以量产。

■ **下单须知** | 日本博胜堂的上浆纱布胶带有多种型号，再加上书籍厚度不同，因此在正式生产之前，需要事先进行商定。若对一般裸脊锁线装的牢固度有担忧，可以通过粘贴上浆纱布来增加牢固度。

■ **装订公司举例** | 日本博胜堂、日本松岳社。

德式装订

"脊面异料"通常指书脊与封面用不同的材料制成。但有一种装订方式，它与一般的脊面异料不同，封面使用的材料会比书脊部分厚一些，书脊与封面之间形成落差，使用了这种封面的装订工艺被称为"德式装订"。

如下面图片所示，在德式装订中，封面封底与书脊分为两个有厚度的部件，且在连接处有落差。图中日本加藤装订所制作的书，虽然基础的装订工艺有精装、平装以及骑马订等多种分类，但从功能性（如开合度、牢固度和耐用性等）和设计的角度考虑，大部分德式装订都是在精装书的工艺基础上制作的。

封面封底部分的制作与精装书的封面一样，大多是在荷兰板上贴印刷加工过的纸，或是用装帧纸或布包裹的。而书脊部分则用不同的纸或布，与封面封底组合为一个完整的封面，再与书芯部分通过环衬黏合在一起。

不过近几年来，封面封底多用未经加工的荷兰板，因为越来越多的人倾向于这种简朴的设计。

这种情况下，荷兰板会进行印刷处理，或是将印刷好的铜版纸与荷兰

○ **在精装书的工艺基础上采用了德式装订的封面**

采用了精装书工艺的书本，粘贴的封面则是包裹了印刷后的纸板。

《三日之石》（三日間の石）（杉本真维子著 / 响文社 / 装订：日本加藤制本）

板压合（粘贴）在一起。

在德式装订中，最常见的设计就是封面封底的宽度窄于书芯，书脊与封面封底的交界处有落差，并且落差清晰可见。

最近又出现了一种与裸脊锁线装结合的新形式，书的书芯与封面封底的尺寸一致，书脊处不粘贴任何东西，刻意露出串线的部分。不过需要注意的是，用这种装订工艺所制作的书本在牢固度方面有所欠缺。

○ 使用荷兰板作为封面的平装书

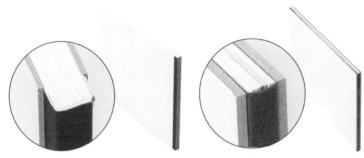

基于平装书的工艺，使用有一定厚度的荷兰板进行德式装订。封面封底与订口齐平，也可在订口处留出一定的空隙。

（ 装订小情报 ）

■ **成本预测** | 封面基本上都是手工粘贴，因此成本比采用了机械生产的装订工艺高。

■ **生产规模** | 都可以，但小批量生产的成本可能会更高。

■ **去哪里做？** | 因涉及封面尺寸的设计，建议寻找有生产经验的装订公司。

■ **装订公司举例** | 日本加藤制本。

常开订

无论从哪页翻开都能保持打开状态的装订工艺，其名为常开订。

这种装订工艺最后一步是用书脊布包裹书脊，

这是日本 ANRI 装订公司的原创工艺。

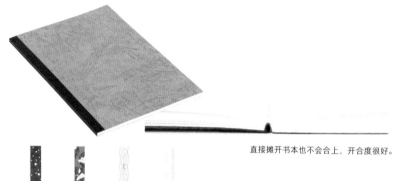

直接摊开书本也不会合上，开合度很好。

包裹书脊的布料贴纸可
以定制原创图案。

常开订这个名字有些奇特，意为无论从哪页翻开都能保持打开状态，是日本原创产品制作商 ANRI 装订公司开发的装订工艺。常开订的特点，就是书本翻开后可以保持着打开的状态，不会轻易合上。可制作的书本尺寸最小为 B6，最大为 A4。书芯所用的纸包括上质纸（常用于笔记本、信纸等的优质书写纸，一般是非涂布纸）、铜版纸等，过薄或过厚、不方便折叠的纸都不适合。成品的书脊处粘贴的书脊布通常为黑色，但根据客户要求，也可通过 4 色胶印印刷出原创图案（定制图案会使单本装订成本增加）。

> ◯ 装订小情报

■ **成本预测** | 在书脊布上印刷定制图案会导致成本增加。

■ **生产规模** | 比较经济的起订量为 500 册。

■ **装订公司举例** | 日本 ANRI 装订公司。

平开®装订

因俗称"爷爷的笔记本"而广为人知，

该装订通常用于制作 180° 平摊使用的笔记本。

书脊处粘贴书脊布。

将跨页摊开压平后就是一整张纸。

日本中村印刷所的平开装订工艺别名"水平订"。若是提起它的另一个名字——"爷爷的笔记本"，也许知道的人会更多。

这种装订的独特之处，在于打开后轻压一下内页，就可使本子像一张水平摆放的纸一样摊开。内页所用的纸都是对折而成的。将这些纸叠放在一起，统一在订口处上胶，再分成一本本独立的册子，用荷兰板上下夹住做封面，最后将书脊布粘在书脊上，平开装订就完成了。如果只是在书脊处涂一层胶水，内页会很容易脱落，因此需要在涂胶水之前，将内页好好对折压实，再用特调的 2 种胶水涂 2 遍，以确保装订后的本子能兼顾良好的开合度以及牢固度。平开装订的另一个特点就是，将对折的内页朝上下方向拉扯的话，可以将它完整地撕下来。装订可做的最小尺寸为 B7，最大为纵向 A3。

> **装订小情报**
>
> ■ **生产规模** | 配页后的步骤均为手工作业，若可接受工期长的话，就可以大量生产。
>
> ■ **装订公司举例** | 日本中村印刷所。

蝴蝶装 （纸板绘本装）

常用于儿童绘本。

顾名思义，纸板绘本装就是将两页纸背面相贴，
使书芯相连，书本能够 180° 打开的装订方式。

纸板绘本装常用于面向儿童的绘本。顾名思义，它就是将两页纸背面相贴。它有两个显著的特点：第一，坚固耐用，可以承受孩子的粗暴对待；第二，可以 180° 打开。

书芯都是用单面的铜版纸（铜版纸卡片也可以）上单面印刷，然后将它们按跨页裁切后对折。再将书页背面涂满胶水，对裱前后两页。粘贴压平后，再裁切书口，切圆角，最后完成。纸板绘本装通常是用尺寸为 L 判（127mm×89mm，日本常规相纸比例），23kg 以上的纸板做成的，因为两张纸板粘在一起会很厚，如果纸张的边角锋利，就会比较危险，所以通常会对绘本进行切圆角处理。

内文的跨页是一整张纸对折的状态，因此书本的开合度很好。

○ 将纸页背面粘在一起

跨页是一整张纸，与下一页纸的背面相互贴合。而纸张的折线处与书的本体并不是完全贴合的，因此不影响书籍打开。

经常做纸板绘本装的日本大村制本，最小可以做到 100mm × 100mm，最大可以做到长宽 297mm × 210mm 的书籍（手工制作另当别论）。日本大村制本配有纸张冲切机，能制作异形绘本。

乍一看像是普通平装书，但如果从切口处看去，可以看到每一页都是颇有厚度的纸板。

《哗啦哗啦　滴答滴答》（《じゃあ じゃあ　びりびり》）（松井纪子著 / 偕成社 / 装订：日本大村制本）

观察订口部分，可以看到每页都是由对折的一整张纸板制成的。

可以180°完全摊开，完整的一张纸方便阅读。

装订小情报

■ **生产规模** ｜全机械生产，可以量产。

■ **下单须知** ｜书芯所用纸需是 L 判大小、23kg 以上的单面铜版纸等纸板。过薄的纸张无法使用绘本装订机进行装订。比这更厚的纸张的话反而可以制作。

■ **去哪里做？** ｜有纸板绘本装订机的公司（日本图书印刷等）。

■ **装订公司举例** ｜日本大村制本。

中分车线装订

**在摊开的内页正中间，也就是订口部分进行车线加工，
然后从单侧的正中间反向折叠起来。
仅靠语言很难描述清楚，这种装订工艺虽然采用了车线装订，
但书籍完成后外观类似方脊书。**

在车线装订工艺中，中分车线装订并不那么为人所知。

中分车线装订需要先将书页一张张展开叠好，在正中间的位置用缝纫机直线装订。到这一步为止的工艺流程，和车线装订（参照第98页）是相似的。不同的是接下来的步骤，请读者们参考下图进行理解。车线后，从一侧的纸张的正中间，举个例子，如果一共有6张纸，那么就是将第1~3张翻折起来，第4~6张则折向反方向。这样一来，一本书就有两个外凸的折痕了。然后我们再粘贴上封面，中分车线装订就完成了。粘贴的封面既可以是纸板做的平装书封面，也可以是精装书的封面。

因为最开始进行车线装订的时候是一整张纸做成的跨页，书本的开合度会很好；而且采用了这种装订工艺的书本也具有很高的牢固度。日本大村制本的中分车线装订最大可加工高为300mm、宽为210mm的书。

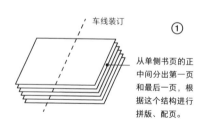

车线装订

从单侧书页的正中间分出第一页和最后一页，根据这个结构进行拼版、配页。

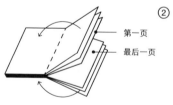

第一页

最后一页

正中间用缝纫机进行装订，一侧不做任何处理，另一侧则从中间分成两部分，分别朝相反的方向折叠，这就是中分车线装订的主要构造了。之后再粘贴上封面。

○ 在正中间进行车线装订后再分别折叠

使用中分车线装订的书。
封面用了方脊。

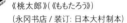

《桃太郎》(《ももたろう》)
(永冈书店／装订: 日本大村制本)

内页有两处可以看到车线的地方。这
两处是最开始装订时的首页和尾页。

将能看到车线痕迹的两页 (此图中
最下面的两页) 之间的书页翻开，
可以看到对折痕迹。

装订小情报

■ **成本预测** | 如果是制作平装书，则中分车线装订 > 车线装订 > 骑马订 (逆订)。

■ **生产规模** | 基本都是量产。

■ **下单须知** | 因为拼版格式比较特殊，下单前必须与装订公司提前讨论。

■ **装订公司举例** | 日本大村制本。

上切口毛边式

指书芯的上切口——即书本最上面的部分不进行裁切，直接装订的工艺。

因为上切口未进行裁切处理，边缘部分会对不齐。

故意留出上切口不裁切，以上切口毛边式的形式完成装订。

《完整版　印刷、加工 DIY 综合大全》（《合体完全版　印刷·加工 DIY ブック》）（Graphic 社刊）

上切口没有进行裁切，每一页的高度都不统一。

外切口和下切口都进行了切边处理，光滑、整齐。

日本岩波文库和日本新潮文库等出版社的一部分"文库系列"和"新书系列"的书，比较出名的一点就是在装订时没有对上切口进行裁切，保留了纸张参差不齐的状态，这种装订工艺叫作上切口毛边式。

上切口毛边式并不是单纯指在最后装订时不进行上切口裁切这一步。在对折纸张时还需要使用一种特殊的折手方式，即不是将纸张按照页码或书的边缘对齐，而是将纸张按照天头对齐的方式折叠。若要使用这种折手与裁切方式的话，需要在印刷之前就考虑好用什么纸张、如何裁切等。

使用上切口毛边式不是因为它具有什么特殊的功能，而是因为外观上的设计感。上切口毛边式指只有上切口未经过裁切的装订方式，毛边书则通常是指书口都未裁切的书。在过去的欧洲，毛边书的页与页之间是相连的，像一个小口袋一样，读者需要用裁纸刀裁开才能进行阅读，还能根据不同的装订工作室或是个人的喜好进行定制。上切口毛边式可以说是利用现代器械再现了古人风雅的一种装订工艺。

(**装订小情报**)

■ **成本预测** | 比普通平装书成本稍高一些。

■ **生产规模** | 因采用机械装订，更适合量产。

■ **下单须知** | 在印刷和装订过程中需要根据上切口毛边式的特殊要求进行调整，因此需要客户事先明确告知所需工艺为上切口毛边式。

■ **去哪里做？** | 销售平装书的装订公司大都能生产。

包背装

一般情况下，书本内页都是单独的一张纸，
而包背装则是将内页做成传统线装那样的袋装书页。
这种装订工艺更具设计性，也能增加书本厚度。

○ 充满高级感的包背装精装书

印有黑白照片的内页装订成口
袋状，与书衬处的鲜艳颜色形
成了鲜明的对比，十分美丽。

采用了包背装的方脊精装书。

EROS LOST 发行：ZEN FOTO GALLERY/
印刷：东京印书馆 / 装订：日本涩谷文泉阁

○ 如何做出口袋状的书口

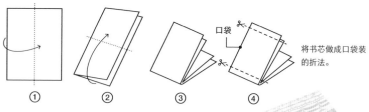

口袋

将书芯做成口袋装
的折法。

① ② ③ ④

○ 袋状书页的内侧也可进行印刷

口袋的内侧虽然无法看清，但我们可以从
底部窥见一部分，因此内侧可以印上彩色
图案，有一种犹抱琵琶半遮面的美感。

包背装是一种不裁开相连的外切口，使书页呈口袋状的装订工艺（该术语的表述可能因装订公司而异）。

在传统线装中，书页基本上都是和包背装一样的口袋。但在平装书、精装书等西式装订中，外切口通常都会被裁开，每一页都是散页。

在精装书或是平装书的书芯制作工艺中，如果不对外切口进行裁切，那么书页就会相连，变成像口袋一样的形状，影响翻页。不同的装订公司制作包背装内页所用的折手方式有所不同，图中所展示的就是其中一种。通常折页时都是将长边对折，但包背装则相反。如图①所示，它是从短边开始折，再垂直折叠一次（图②、图③）。将折叠好的书页叠放在一起装订好，最后对上下切口进行裁切，就能形成口袋状的书页了（图④）。

在进行包背装的装订时，因为外切口侧不能进行最后的裁切整理，因此从最开始的折页，到之后的配页、装订，都要保持高精度，必须保证外切口在不需要裁切的情况下也能排列整齐，因此对技术水平有一定的要求。在空袋装订（参照第78页）中提到的日本涩谷文泉阁，常做图鉴、写真集等书籍，也常用到包背装的工艺，外切口处都能对齐，制作出来的书籍既牢固又美观。

（参照第78页）

难以归类的装订

装订小情报

■ **成本预测** ｜一般来说包背装的折页需求比普通精装书要高，因此价格也会相应高些。

■ **下单须知** ｜由于拼版的方式很特殊，再加上各个装订公司都有不同的折手方式，因此若有包背装的需求，需要和装订公司提前确认。

■ **装订公司举例** ｜日本涩谷文泉阁。

无线彩胶装

在书芯的书脊上打孔，然后涂上彩色胶水固定，
再包上封面，无线彩胶装就完成了。

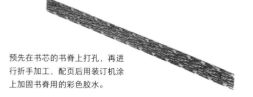

预先在书芯的书脊上打孔，再进行折手加工，配页后用装订机涂上加固书脊用的彩色胶水。

说起裸脊的装订工艺，大家最先想到的或许是裸脊锁线装（参照第114页），这是一种先将内页串线后固定，再裁切书口后完成，书脊裸露的装订工艺。而无线彩胶装则是在平装书（网代胶装，参照第68页）的书芯装订基础上进行的。

在精装书和平装书中都常有无线彩胶装的身影，它是一种在折页前先在订口处（靠近书脊一侧）打上孔，然后上胶固定的装订工艺。但它使用的胶水是添加了染料的。胶水在铜版纸等其他吸水性不好的纸上不容易干，因此这类装订工艺更适用于上质

纸等非涂布纸。胶水的颜色可以指定，但较难体现出颜色的细微差别。

厚度在15mm以上的书能更好地展现使用了彩胶后的书脊，不过最厚不能超过40mm。书的尺寸最小能到A6，最大能做到A4，若是需要做更大的开本，则需要事先测试。

(装订小情报)

■ **生产规模** | 使用装订机装订，可订范围为1000~10000册。

■ **装订公司举例** | 日本常川制本。

螺钉装订

将金属或塑料的螺钉插入书芯和封面的开孔，

通常使用手工制作。

《ANATOMY/ 解剖书》(《ANATOMY/ 解剖書》)

作者：AAAMYYY / 出版：涩谷茑屋书店 /
摄影：REI/Shun Komiyama / 撰稿：Sharar
Lazima/ 设计：Margt/ 制作：Aru Hasegawa
（REXX Inc.）/ 装订指导：筱原庆丞（日本筱原纸
工）/ 印刷：山田写真制版所 / 装订：日本筱原纸工

这种在固定好的纸上打孔，用螺丝固定的装订方式也可以委托装订公司完成。色卡本之类较厚的书本可以用这种装订方式固定，如果只打一个孔，就可以将纸页旋转着进行阅读了。

图片中所介绍的作品集，出于设计的考虑，采用了螺钉装订。印刷、折页、配页等步骤都是采用机械生产，但打孔需要手工制作。

螺钉的长度、所用的材料（金属、树脂等）种类众多，最好和装订公司提前讨论确定。

装订小情报

■ **成本预测**｜款式不同，价格差距可能会很大，因包含人工，成本比纯机械生产的骑马订、平订等高。

■ **生产规模**｜需要手工制作，如果需求量较大，所需的交货时间就比较长。

■ **装订公司举例**｜日本筱原纸工。

半透明胶装

一般情况下，书芯在配页后会在书脊处上胶固定，

然后还会有包封面的步骤，

半透明胶装是指上胶后装订就完成了，因此能直接看到书脊处的胶水。

不论是裸脊锁线装，还是能看到粘贴在书脊处的上浆纱布的裸脊锁线装，或者是书口未经裁切的毛边书，它们每一种都是"半成品状态"的完成品。这种能看到书本内部结构的半成品感，在近几年里受到了越来越多的人喜爱。

在这种半成品风格的装订工艺中，有一种半透明胶装很值得关注。在采用无线装订或是网代胶装的书芯书脊处，涂上 PUR 后，半透明胶装就完成了。相比起 EVA 类的不透明白色热熔胶，PUR 具有更高的透明度，因此在装订成册的书本上，读者仍然可以透过半透明的胶水看到书脊处的折手痕迹。

想出这个装订工艺的，是日本筱原纸工的筱原庆丞。在装订刊登在右侧的《广告》一书时，他设计出了使用 PUR 的装订工艺，并将其命名为"半透明胶装"。半透明胶装的配页步骤和无线装订常用的配页步骤相同，然后裁切掉几毫米的书脊，涂上 PUR。为了让胶水表面更加平滑，上胶后书芯不会直接从装订机中取出，而是先覆上一层不会粘上 PUR 的封

○ 使用了 PUR 进行网代胶装的半透明胶装

《设计的抽屉 40》（《デザインのひきだし 40》）就是半透明胶装。在进行网代胶装的过程中，将胶水填进书帖堆叠时形成的缝隙中，使胶水与书芯充分接触，整本书能完全黏合。半透明胶装制成的书籍没有封面（名片大小的封面是之后人工粘贴上去的，为装饰性封面）。（装订：日本图书印刷）

面，继续包封面的步骤，再从装订机中取出后拿走临时封面。这样一来，就能获得一个平整光滑的书脊了。

○ 使用 PUR 的网代半透明胶装本

在网代胶装的装订过程中，先将书芯的书脊部分切掉几毫米，然后再上胶，将网代胶装做成半透明胶装本。

《广告》Vol.413 设计：上西祐里（电通）、加濑透、牧寿次郎 / 发行：博报堂 / 印刷：SUNMCOLOR/ 装订：日本筱原纸工 / 装订指导：筱原庆丞（日本筱原纸工）

全书只依靠书脊处的 PUR 粘连，因此可以完全摊开。

装订小情报

■ **成本预测** | 因粘贴临时封面、手工拿掉临时封面需要额外的步骤，所以成本高于普通平装书。

■ **生产规模** | 可批量生产。

■ **下单须知** | PUR 完全硬化需要半天至一天时间，下单时需要预留足够的时间。

■ **去哪里做？** | 可用 PUR 生产的装订公司。

■ **装订公司举例** | 日本筱原纸工、日本图书印刷。

易撕胶装

每一页都可以撕下来，
常用于砖形便利贴和便签的制作。
基本上是手工作业。

在重叠的纸张横截面上涂抹黏合剂，待其硬化后，易撕胶装的砖形便利贴就完成了。这种装订工艺的黏合力较弱，方便人们一张张撕取。所使用的胶水彻底干燥后会变得透明无色。

虽然可以像这样 180°展开，但因为牢固度欠佳，书脊处很可能会完全裂开。

在堆叠好的纸张断面处用刷子刷上黏合剂，待黏合剂硬化后，纸张变成了块状的纸捆，这就是易撕胶装。虽说使用了黏合剂，但纸与纸之间与其说是互相粘连的，不如说是仅靠断面处黏合剂形成的那一层膜相连。因此这种装订工艺的牢固性并不强，常用于便签、备忘录、传票等，或是在其他装订方式中起到一个临时固定的作用。进行易撕胶装装订时，需要先将纸捆成一大捆，然后再用刀一组一组切开，分成一本本子所需大小。最少需要 32 开，70kg 的上质纸 2 张，最多可以一次性处理 1000 张。成品宽幅最小 3cm，最大尺寸 B1。

> **装订小情报**
>
> ■ **成本预测** | 在装订工艺中属于比较便宜的一类。
>
> ■ **生产规模** | 因为是手工制作，小批量或是量产都可以。
>
> ■ **装订公司举例** | 日本小林断截。

易撕胶装（彩胶）

在左页中介绍的易撕胶装中，

有一类使用了彩色胶水。

涂了胶水的一面可以起到装饰作用。

易撕胶装特点之一就是没有封面，涂了胶水的一侧是直接裸露在外的。易撕胶装常用的黏合剂为白色，彻底干燥后变为透明，但如果在黏合剂中事先加入涂料或者颜料，就能制作出"彩色胶水"，可用于制作彩色书脊的便签和小册子。日本小林断截可制作的基础颜色有透明、蓝、红、黄、绿、黑6种颜色。易撕胶装不论产量多大，一直以来都依靠手工涂胶，因此能够更换黏合剂的颜色。除了基本的6色，黏合剂也能做成其他颜色。不过由于黏合剂干燥后颜色的浓淡程度会有变化，而且不同纸质对颜色也会有影响，因此装订公司无法保证"颜色与DIC色卡完全相同"。

用彩色胶水制作的易撕胶装。颜色各异的书脊十分可爱！（素材提供：日本小林断截）

装订小情报

■ **成本预测** | 比普通透明胶水制作的易撕胶装要稍微高些。

■ **生产规模** | 手工制作，小批量或是量产都可以。

■ **装订公司举例** | 日本小林断截。

书脊布装订（车线装订）

常见于大学笔记本或学习笔记本中的一种装订方法，
采用车线装订，书脊处用书脊布包裹。
这种装订方式开合度好且结实耐用，因此常用于笔记本。

将封面和书芯叠放在一起，在中间用车线装订起来，对折后在书脊处卷上书脊布，这就是在车线装订的基础上进行的包布装订。它的特点之一就是能大角度打开，此外车线装订使本子变得结实耐用，即使每天多次打开也不会坏。

书脊处的书脊布有黑色、红色、蓝色等多种颜色，既可以遮挡本子中心部分的车线，也能防止使用过程中本子脱线。除了装订公司提供的样本书中的颜色，你也能用其他更具设计感的黏合剂。虽然封面书脊外侧的车线被书脊布遮盖了，只有订口内侧才能看到。车线的颜色也可以改成白色以外的颜色的（但这种更改可能会造成成本的上涨，需要事先确认）。

因为这种装订工艺是将封面和书芯叠放，然后直接用缝纫机一口气缝合在一起，所以本子不能太厚，否则缝纫机就无法穿透纸张。封面和书芯的厚度在 2mm 左右为最佳（如果是 32 开，70kg 的上质纸，大概能做 64 页）。

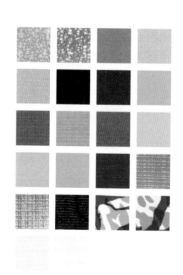

包裹在书脊处的书脊布有多种类型。

○ 车线装订后用粘贴书脊布

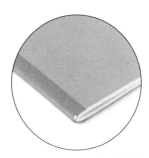

在订口用缝纫机车线，对折后在书脊处贴上书脊布可以防止脱线。（装订：日本 YS 装订公司）

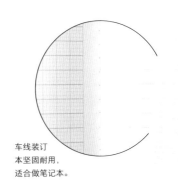

车线装订
本坚固耐用，
适合做笔记本。

（装订小情报）

■ **成本预测** | 普通精装书的六成左右。

■ **生产规模** | 适合量产。

■ **下单须知** | 因为这种装订工艺是将封面和书芯叠放后用缝纫机缝在一起，所以本子不能太厚，否则缝纫机无法穿透。内页若采用 32 开，70kg 的上质纸，最多能做 64 页。

■ **去哪里做？** | 有装订用缝纫机、卷布设备的公司。

■ **装订公司举例** | 日本 YS 装订公司、日本东京都绿友印刷制本协业组合。

书中书

在一本书的里面还装订了另一本书的工艺叫作"书中书装订"。

这类装订方式有很多种类，

其中也有"书中书中书……"的装订方式。

"书中书"是指，乍一看是一本书，但实际上里面还有另一本书，或是将多本书组合在一起的装订工艺。虽然包装成了一本，但用户使用时能拆分成好几本，是十分方便的装订方法。比如在习题册中，答案可以做成单独的小册子，或者在杂志中，增加一本小册子作为附录。

装订的方法有很多种，主要取决于需要包装的书的厚度和内容。在过去，"书中书"常常是一本书中夹着一本小册子。现在将两本较厚的平装书包上封面后包装在一起的情况也越来越多了。过厚的书本不够便携，这

○ **在覆上了 PP 薄膜的书外包封面**

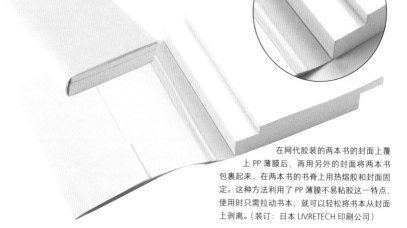

在网代胶装的两本书的封面上覆上 PP 薄膜后，再用另外的封面将两本书包裹起来，在两本书的书脊上用热熔胶和封面固定。这种方法利用了 PP 薄膜不易粘胶这一特点，使用时只需拉动书本，就可以轻松将书本从封面上剥离。(装订：日本 LIVRETECH 印刷公司)

种装订方式就方便人们只把需要的那部分拿下来。

　　除了多样的装订方式外，分册的摆放位置也多种多样，它既可以放在卷头或是末尾，也可以夹在书的正中间。如果能找到适合项目的书中书装订，你就能更愉快地制作书籍。

○ 附录粘在书本的环衬上

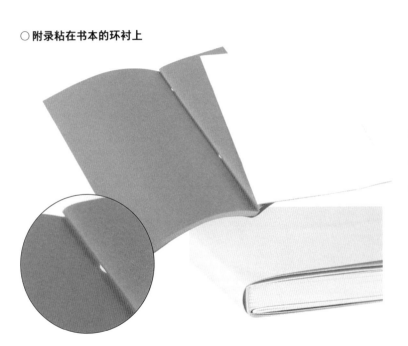

图示的装订方法是将附录暂时粘在平装书的环衬上。在书芯的环衬与附录相接的一侧打几个小孔，然后将书芯与附录放在一起装订，这样一来，书芯的书脊处的热熔胶就可以通过小孔将附录的封面与环衬粘在一起，使二者合为一体。使用时只要稍微用力，就能将附录扯下来。（装订：日本 LIVRETECH 印刷公司）

○ 套娃装订

这是什么?! 书里还有好多书。里面有的册子仅靠封四连接在一起……这是日本日宝综合制本获得专利的"套娃装订"。网代胶装也能用书中书的方式,将无线胶装的小册子一起装订进去。除套娃装订之外,日本日宝综合制本还能制作其他类型的书中书。(装订:日本日宝综合制本)

○ 用可撕胶装订的附录

在书芯的指定页(除封二、封三外)用可撕胶将附录的封一粘贴上去。为了保证附录能和书口的任意一边贴合,附录的大小必须小于书芯。附录的宽度距离切口最起码要空出10mm,最小可以做到100mm×100mm。(装订:日本日宝综合制本)

○ 可单独拆出来的小册子（未粘连）

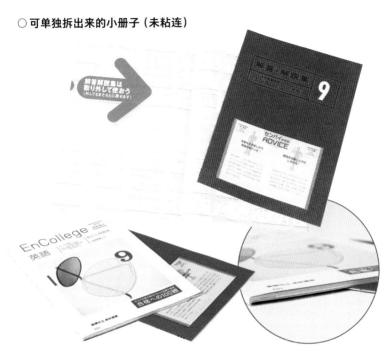

这种类型的书中书的附录是独立于书芯的，只是夹紧在书页内，并没有粘在书脊上。因为书脊没有黏合，扯一下就能轻松取下。骑马订的附录装订完成后，用书芯的环衬那页将附录包住，然后再将它们连同书芯一起进行网代胶装。书芯和附录的书脊并不相连，附录就能被轻松取出了。（装订：日本日宝综合制本）

(装订小情报)

■ **成本预测** | 若存在多本附录，制作费用也会相应上涨，比常用的装订成本高。

■ **生产规模** | 适合量产。

■ **下单须知** | 不同的装订公司擅长的装订方式也有所不同，再加上不同设备能做的书中书类型也不同，因此在联系公司前，应先确定需要制作的书籍内容。

■ **去哪里做？** | 有平装书生产线以及装订用缝纫机的公司(若附录需要车线装订)。不过并不是每一个满足条件的公司都能做。

■ **装订公司举例** | 日本 LIVRETECH 印刷公司、日本日宝综合制本。

日历装订

"日历装订"即用于日历的装订工艺。
大致分为壁挂式和台式两种,
各自的装订方式及卡扣也有不同。

顾名思义,日历装订就是日历所用的装订工艺。日历大致分为壁挂式和台式两种,各自的装订方式也有所不同。

壁挂式的日历过去常采用金属配件进行装订。这种"金属装订"就是将封面和1月到12月为止一年份的

日历配页后,再用专用的机器将日历订在一起,因为成本低、效率高而被广泛使用。但是,用于企业宣传纪念的日历,大部分出于环保考虑,会减少金属配件的使用。

近年来有一种被称为"打孔胶装"的装订方式受到越来越多人的喜爱。

○ 金属装订

将封面和1月到12月为止一年份的日历配页后,再用专用的机器将日历订在一起。日历的顶部用金属配件夹住,再用装订机的刀自上方压出凹槽,使配件部分看上去像被三等分了一样,日历就装订好了。(装订: 第142页至第145页全部由日本新日本日历制作)

首先在日历顶部打孔，在打孔处注入胶水，然后用厚纸包裹顶部。这种装订需要特殊的装订机器。因为只用到了纸，所以在丢弃时不需要垃圾分类。

另外还有万年历、台式日历等多种形式的日历，有的采用双线圈装订，有的则是纸圈装订，装订工艺不同，使用到的装订机也不同。

○ 打孔胶装（热镶嵌）

株式会社ユーエムエーデザインファーム
www.umamu.jp

打孔胶装基本都是白色的，
但也有其他颜色。

先在日历顶部打孔，在打孔处注入热熔胶，然后用厚纸卷成的纸板条包裹顶部并压紧。虽然需要特制的装订机器，但这种方式在成本控制以及生产效率方面都很优秀（虽然仍不及金属装订）。因为只使用了纸这一种素材，这种方式近年来颇具人气。

○ 万年历

十分经典的万年历，需要使用轮转印刷机进行装订。将纸卷装入轮转机，转轮机可以一次性完成柔性版印刷、裁断、装订的步骤。切割出成品尺寸之后还会安装金属配件，因此横截面可能会些许有些凹凸不平。

现在万年历的卡扣也是多种多样。有一种新工艺被称为 JPS（Junpakushi Printing System），即将卷筒雪梨纸根据需求完成印刷后，经过三面裁切后，将日历顶部夹住，用塑料螺栓进行固定。需要手工作业，适合小批量生产。

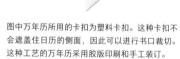

图中万年历所用的卡扣为塑料卡扣。这种卡扣不会遮盖住日历的侧面，因此可以进行书口裁切。这种工艺的万年历采用胶版印刷和手工装订。

○ 环保纸圈装订

将封面和内页对齐，在装订区域打孔，然后将纸质的圆环或其他环保材料制成的圆环穿过固定。适用于宣传环保理念，但成本高于金属圈装。

○ 双线圈装订

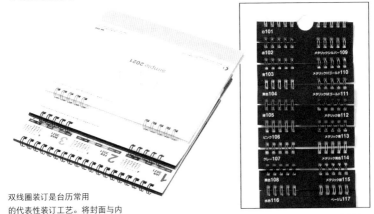

双线圈装订是台历常用
的代表性装订工艺。将封面与内
页对齐后，在装订区域打上孔，然后将金属的
双线圈穿过去。

所用金属配件的颜色可以根据样本册
选择（需要提前确认是否有货）。

(装订小情报)

■ **成本预测** | 金属装订成本最低。稍微高一些的是打孔胶装。万年历中，使用柔性版印刷的轮转机虽然能节省成本，但性价比较高的起订量是 5000 册或以上。胶版印刷则适合小批量生产，也能保证成本不会过高。

■ **生产规模** | 适合量产。不过 JPS 也能选择小批量生产 100 册。

■ **下单须知** | 日历种类不同，所用的纸张也不一样。如果是使用轮转机生产的万年历，就只能用雪梨纸（30g/㎡）。而且，轮转机是一次性完成从印刷到装订的步骤，因此无法只进行装订。若要制作万年历，就必须先准备好一年 365 天的所有数据，比较耗费时间。若要制作明年的日历，那么在今年的 4 月份时就需要着手准备了。

■ **去哪里做?** | 装订日历的公司。

■ **装订公司举例** | 日本新日本日历、日本东京都绿友印刷制本协业组合。

手账装订

手账需要每天多次开合使用，也需要被放在上衣口袋
或者放在包里随身携带。因此手账的装订必须足够结实，
经得起一整年的高牢固度使用，并且要方便翻开书写。

○ 同向折手、线装胶装是特点

兼顾了牢固度与便于翻开两个优点的手账，有很强的特色。封面
通常为塑料、皮革、人造皮革等材质。在包裹封面时，书芯和环
衬、环衬和塑料封面完全粘在一起，增加了手账的牢固度。另外，
为了安全以及防止边角折损，书芯的边角都做了圆角处理。为了
不显脏，书口会涂上颜色或刷金。

书芯为兼顾牢固度与开合度
的"锁线胶装"。

B6 尺寸以下的手账为了防止跨页的横线移位，内页的折手通常都是采用卷折法，
并使用双联装订工艺（上下两册连起来的装订）。

说到手账装订的特点，不得不提的就是它方便翻开以及牢固度可观这两点。手账全年都用得上，一年内不断开合也不会坏，足够结实，而且使用方便、书写轻松。为了达到这些要求，手账采用了独特的书籍装订工艺。

首先，串线是实现手账牢固度的重中之重。串线后要压紧书脊，使其固定，然后用胶水黏合以加固书脊。其次，将环衬粘贴在固定了书脊的手账的前后两页上，从而将书芯和封面连接起来，然后在书脊处贴上上浆纱布来增加牢固度。如果书口需要涂装，也可以在这一步对书口进行涂色或刷金。最后将封面紧紧贴在环衬上就完成了（也有的手账是将书芯做好后，再另外配上单独制作的书衣的）。

在装订过程中，最具特色的部分是内页的折叠过程。为了防止日记部分每页的栏和横线对不齐，B6尺寸以下的手账都是采用卷折法，并使用双联装订工艺。"卷折"的意思就是纸张不纵向折叠，只进行横向折叠，这样一来横线就能完美地对齐了。

装订小情报

■ **成本预测** | 工程量大，成本较高。

■ **生产规模** | 适合量产。

■ **下单须知** | 为了能适应各种类型的笔的书写，书芯用纸通常都是选用不会洇墨或渗到下一页的薄纸。建议选择手账专用纸或是书写性良好的纸张。

■ **去哪里做？** | 因包含特殊的加工步骤，需要联系专门生产手账的公司。在日本，这样的公司数量并不多。

■ **装订公司举例** | 日本新寿堂。

第 5 章

圈装
及其分类

双线圈装订

用金属圆环穿过预先在纸张上打好孔的装订方式被称为"圈装装订"，常用于笔记本及素描本的制作。这种装订方法可以让书本180°甚至是360°打开，使用非常广泛。

用两圈圆环穿过封面和书芯上的孔洞的装订方法，被称为"双线圈装订"。这类装订方法可使书本开合程度达到180°甚至360°，因此多被用于笔记本等文具的装订。双线圈装订的使用方式多种多样，其特性也被活用于书籍装订，例如可以翻开或反折起来阅读的烹饪食谱，或是内容被分为两三段，并且可以反复翻页阅览的

儿童读物等。

专业生产笔记本的工厂基本上都是自动化生产装订，但本书提到的日本铃木制本并不是专门生产双线圈装订笔记本的工厂，由于诸如打孔、穿环等步骤都是手工完成的，因此生产一本笔记本所耗费的时间和人力会更多。但也得益于这一点，笔记本可以使用不同纸质、尺寸的书芯，搭配的

中间部分金属环的颜色可以改变。

日本铃木制本除了可完成常规线圈装订外，还可完成异形线圈装订。由日本铃木制本与其他公司联合创立的"印刷加工联合会"开发并销售的"斜翻线圈本"中所使用的双线圈装订工艺便是日本铃木制本负责的。

自由度得以提升。

线圈的颜色通常为银色、黑色或白色，你也可以从样本册中进行选择。金属色与常规色各自都有很多的种类。若要定制除此以外的颜色，必须重新制作，因此需要达到一定的订货量才可以。

○ 一个孔中有两个金属环穿过

采用双线圈装订时，书本的每个孔都有两个金属环穿过。

书页可180°、360°自由地展开。

金属环的样本册。有各种颜色可供选择。左侧为常用色，右侧为金属色。

圈装及其分类

> **装订小情报**
>
> ■ **生产规模** | 可接受少量定制。若需量产，因打孔及穿环均为人工操作，耗时较久。
>
> ■ **下单须知** | 圆环款式可从样本册中选择。打孔间距由圆环决定。若涉及斜翻线圈本的装订，由于单孔装订不稳定，最少需打两个孔。
>
> ■ **装订公司举例** | 日本铃木制本。

纸圈装订

采用独特的硬纸环进行装订，常见于日历，

也可用于笔记本及其他文具、书籍和小册子等的装订，

色彩丰富，能够令人眼前一亮。

○ **纸环有 7 种颜色可选，宽度及直径也各有 2 种可供选择**

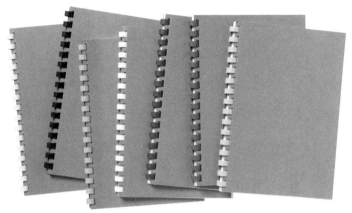

上图为 6mm 宽纸环的装订效果，另有 5mm 宽的
纸环，直径也有 10mm 或 13mm 两种。

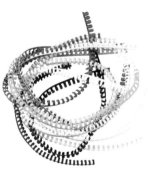

纸环有白色、原色、黄色、绿色、
红色、蓝色、黑色，共 7 色可选。

书本展开后的效果，厚实的纸环很有存在感。

日本中正纸工可做的装订工艺有骑马订和圈装，以及第92页中提到的纸质订书钉工艺。该公司的纸圈装订已有近20年的历史。纸圈装订，顾名思义是用纸做的圆环来进行装订的工艺。该工艺用圆环为特制的硬纸环，制作时需要先在封面和书芯的纸张上打好孔，再将开口的纸环穿过孔，然后将纸环紧压住，通过加热使其闭合。在过去，圈装用的圆环只有金属材料的；为了更好地进行资源回收利用，这种环和书芯都是纸质的纸圈装订就随之诞生了。

纸环有7种颜色，分别为白色、原色、黄色、绿色、红色、蓝色和黑色，方便顾客根据喜好进行选择。每种颜色都有两种宽度（5mm 和 6mm）以及两种直径（10mm 和 13mm）可选。一本册子中使用的圆环数量可以根据要求进行增减，但孔与孔的间距无法更改。例如，当使用 6mm 宽的圆环进行装订时，孔间距必须为 1/2 英尺（约 12.7mm）；若使用 5mm 宽的圆环进行装订时，孔间距为 10mm。

纸圈装订不仅能保护环境，色彩各异的外观还令人赏心悦目。

○ 常用于日历的装订

中间留空，两侧采用纸圈装订。日历中常用此类装订。

装订小情报

■ **生产规模** | 二者都可。

■ **下单须知** | 圆环数量可以自由选择，但环与环的间距是无法改变的。若使用直径10mm 的圆环，则可装订的最大厚度为 5mm。也可加工生产横向 A2 尺寸的日历。

■ **装订公司举例** | 日本中正纸工。

带封面圈装 （书脊类 / 封四类）

圈装装订的优点之一就是可大角度开合，因此一般没有书脊和封面。

但根据不同的用途，有时也会加装有书脊的封面。

有几种方法可以做到这点，此处将介绍 2 种在封面上打孔的装订方法。

○ 封面书脊处打孔

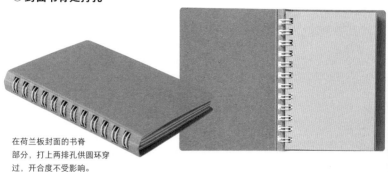

在荷兰板封面的书脊部分，打上两排孔供圆环穿过，开合度不受影响。

若想让一本书是圈装装订，开合自由度高，纸张很厚实的同时，还能有平装书或精装书那样的封面的话，有以下几个方法可供参考。

常见的圈装装订通常会在第一页和最后一页放上一张和书芯相同的荷兰板，然后进行打孔和穿环的工序。这类工艺在笔记本中最为常见。但有时需要的不是这种，而是有书脊并且能将书芯包裹住的封面。

在这种情况下，擅长圈装的日本铃木制本花费了大量时间精力，做了各种提案，最终研究出了在封面的书脊处打孔并穿环的方法。这样一来，圈装书也能像平装书一样有一个荷兰板的封面了。

若想要做出精装书水平的封面，除前文提到的在书脊处打孔的方法，如果因为封面硬度高，无法在书脊处打孔的话，可以通过在封底（即封四）处靠近订口的位置打孔，用圆环连接封底和书芯的方法来解决。用这种装

○ 封底处穿环打孔

乍一看只是普通的精装书，但若翻到封底一侧看的话，会发现订口处做了圈装处理。

封底靠近订口处用螺圈固定了，因此封底多了大约一个书脊的宽度。

订工艺的书籍，正常摆放时的外观就很接近精装书。

　　加装的封面不会影响到书籍开合的自由度。可见活用圈装的特点与加装封面并不冲突。

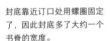

■ 生产规模｜因给封面打孔及穿环均为工人手工作业，故工作量较大，耗时较久。小批量生产不成问题。

■ 下单须知｜类似于精装书的纸板封面的书脊很难打孔，无法进行书脊类圈装，需采用封四类圈装。

■ 装订公司举例｜日本铃木制本。

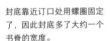

圈装及其分类

带封面圈装（环衬粘贴类）

这是一种通过将圈装书与封面合体后，
从外部看不到圆环的装订方式。

为了能在圈装装订时添加上封面，日本井关制本采取了将书芯中的最后一页与单独的成品封面的封三部分（即封四的背面）黏合的方式。也就是说，将书芯的最后一页作为环衬来使用。

通过这种方式，不论是精装书的封面，还是平装书的封面，就都能与圈装书芯组合起来了。

但是，书芯的最后一张需要有一定牢固度，此时使用什么纸张就需要事前和装订公司讨论了。根据纸张大小和整体厚度的不同，装订方式也会有所调整。

普通的圈装装订也是一样，封面贴合的工序基本都是手工作业。

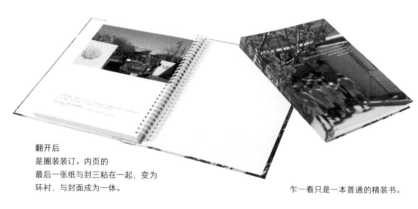

翻开后
是圈装装订。内页的
最后一张纸与封三粘在一起，变为
环衬，与封面成为一体。

乍一看只是一本普通的精装书。

可以看到书芯的最后一页和封面粘在一起。

> **装订小情报**

■ **生产规模** | 接受小批量生产，大批量生产的起订量为 500 册。

■ **装订公司举例** | 日本井关制本。

螺旋圈装

**圈装装订的一种，是将一根铁丝弯成螺旋状，
从本子的开孔处穿过的装订工艺。**

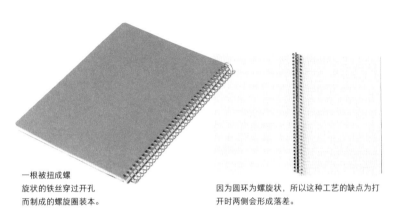

一根被扭成螺
旋状的铁丝穿过开孔
而制成的螺旋圈装本。

因为圆环为螺旋状，所以这种工艺的缺点为打
开时两侧会形成落差。

用一根螺旋状的铁丝进行的圈装
装订是最传统的圈装工艺。

将封面和书芯重合对齐，然后在
订口侧打孔。双线圈装订所打的孔多
为方孔，而螺旋圈装的孔多为圆孔。
只要将螺旋状的铁丝穿过，装订就完
成了。

螺旋圈装在过去是主流的圈装工
艺，但在双线圈装订（参照第150页）
出现后，螺旋圈装的地位就渐渐被取
代了。究其原因，主要是使用螺旋圈
装工艺的本子，会出现打开后左右的

纸张高度不一的问题，而双线圈装订
则完全不会，因为双线圈的圆环并不
是螺旋状的。现在，使用螺旋圈装的
装订公司也越来越少了。

（ 装订小情报 ）

■ **装订公司举例** | 由于螺旋圈装存在打
开后左右的纸张高度不一的问题，双线圈
装订已经成为主流，采用螺旋圈装的公司
也越来越少了。

157

水引编织装订

该装订工艺仍在试制中，

这是一种将圈装装订的圆环部分改为手编水引结的装订工艺，

可以使成品成为具有日式风格的艺术品。

○ 日本中正纸工使用了水引编织的精美装订本

书芯是常用于朱印帐（日本的一种集印本）中的经折装。

颜色组合与编织方式仍在不断尝试中。

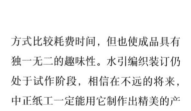

书脊处为水引编织。

日本中正纸工做纸圈装订（参照第 152 页）已有将近 20 年的历史，几年前也开始制作纸质订书钉的骑马订（参照第 92 页），是一家不断进行全新尝试的公司。日本中正纸工的订书钉不仅用在骑马订和平装书上，他们还在为了更有趣的装订工艺试错调整。在不断试错中诞生的，便是水印编织装订法。这种方法可以将好几本书合编在一起。虽说这种手工制作的方式比较耗费时间，但也使成品具有独一无二的趣味性。水引编织装订仍处于试作阶段，相信在不远的将来，中正纸工一定能用它制作出精美的产品。

装订小情报

■ **成本预测** | 尚在试制阶段，成本未定。

■ **生产规模** | 因需手工编制，只能接受小批量生产。

■ **装订公司举例** | 日本中正纸工。

第 6 章

传统线装
及其分类

传统线装(四目式、麻叶式、龟甲式、康熙式)

传统线装是一种古老的装订工艺。

虽然统称为传统线装，但细分下来种类各异，

此处主要介绍 4 种不同的传统线装。

相信许多读者已经见过用穿线来装订书脊的传统线装工艺了。

这类装订被称为"传统线装"，也可称为"线装书""和装本"等，与精装书等西式装订工艺不同。虽然它们统称为"传统线装"，但也分为许多种类。日本芝本和本制本坐落于东京都神田区神保町，专门制作传统线装书。这部分便以日本芝本和本制本所作产品为例，为大家介绍 4 种装订工艺。

在进行正式装订之前，首先将内页被折成口袋似的形状。只有纸张朝外的部分会印刷内容，需要将其对折后再进行配页。这道工序需要用力将纸压出折痕才行。之后在书脊上下包

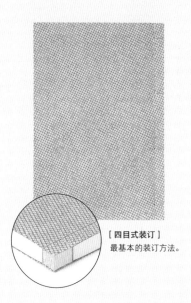

[四目式装订]
最基本的装订方法。

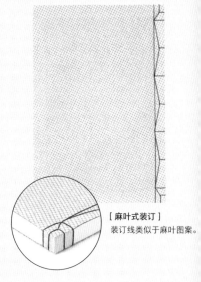

[麻叶式装订]
装订线类似于麻叶图案。

上名为角布的布，然后再将准备好的封面叠上去。做完这些，装订的前期准备才算完成，可以穿线了。首先要在书的一侧打上方便穿线的孔，不同的装订方式有不同的穿线方法。四目式是最基础的装订方法。根据穿线顺序的不同，最后形成的图案也会不一样，除四目式外，还有麻叶式、龟甲式、康熙式等不同的在书脊处穿线的方式。

除裁纸、压制、开孔外，内页的对折、配页等工序都是芝本和本制本公司全手工制作的。

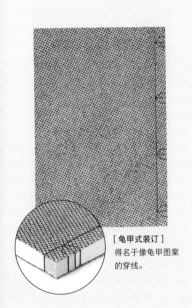

[龟甲式装订]
得名于像龟甲图案的穿线。

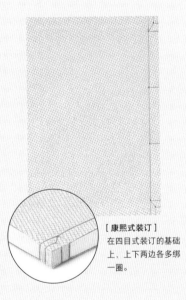

[康熙式装订]
在四目式装订的基础上，上下两边各多绑一圈。

传统线装及其分类

(装订小情报)

■ **生产规模** | 全部是纯手工作业，耗时较久。

■ **下单须知** | 根据是想做非常正统的古法线装书，还是仅仅只是做传统线装风格的书，能做的装订公司也是不同的。

■ **装订公司举例** | 日本芝本和本制本、日本博胜堂。

古线装订（大和式装订）

在书芯和封面上打孔，
用绳子穿过后打结固定的装订方式被称为"古线装订"。
常用于相册的装订。

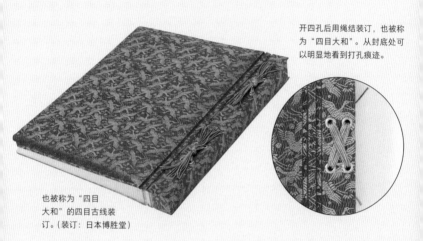

右上：开四孔后用绳结装订，也被称为"四目大和"。从封底处可以明显地看到打孔痕迹。

左下：也被称为"四目大和"的四目古线装订。（装订：日本博胜堂）

大和式装订主要用于大开本的书籍装订，如相册、图鉴等。它也是传统线装书的一种，需要在书芯和封面上打孔，然后像平装书一样用线或绳子将两者穿起来绑紧。它也有不同的种类，打平结的被称为"平目大和"，绳结垂下的则被称为"提纽大和"。开四孔后用绳结装订被称为"四目大和"。上图所展示的装订方式就是四目大和。

大和式装订几乎为纯手工制作，需要耗费很多时间才能完成，一般公司不会制作，因此价格也比较高。常用于豪华相册或是图鉴的装订。

（装订小情报）

■ **生产规模**｜所有工序基本都是纯手工作业，一般只能小批量生产。

■ **装订公司举例**｜日本博胜堂。

三目式装订

在书脊处开三个孔，然后用线或绳子穿过，打结装订。

装订线在中间打一个绳结也是传统线装装订的一种。

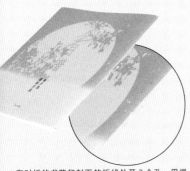

在对折的书芯和封面的折线处开 3 个孔，用绳结装饰的和装本。

《夕月谱》（《夕月谱》）秦夕美　藤原月彦著 / 法国堂（装订：日本松岳社）

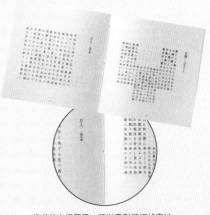

将书从中间翻开，可以看到装订线穿过。

三目式装订看上去和平订本很像，但若仔细观察，会发现有绳子穿过书脊的 3 个开孔，并在中间打结。绳结的线尾一般都会留有一定的长度，这种装订方法被称为"三目式装订"，也是传统线装书的一种。

大部分传统线装书的装订孔（装订线穿过的孔）都是 4 个（四目式装订），但三目式装订的最大特点，顾名思义，就是只有 3 个装订孔。

三目式装订的打孔、穿线等工序均为手工制作，因此能做这种装订的公司比较少。

不过，现在的三目式装订的使用场景已经不限于日式风格了。由于本身自带的细腻感和氛围感，现在它也被使用在精致的小册子上。

┌─────────────┐
│ 装订小情报 │
└─────────────┘

■ **生产规模** | 工序基本都是纯手工作业，一般只能小批量生产。

■ **装订公司举例** | 日本博胜堂。

折本（经折、朱印帐）

在传统的装订方式中，将纸反复折叠再连接起来，
外观酷似手风琴风箱的书籍被统称为"折本"。
折本主要有两种：一种是经折本，即把一张纸折叠成风箱状；
另一种是朱印帐，即将纸对折两次后连在一起。

朱印帐在以前就颇为流行，时至今日仍旧热度不减。它的特征就是展开后的外观酷似手风琴风箱。

这类风琴装的本子统称为"折本"。折本下还有更详细的分类，其中一种被称为经折，就是将一张纸折叠为风琴状，如果纸张的长度不够，还可以多连接几张。这种装订方式多用于佛经，因此得名"经折"。

与此相对的朱印帐，通常会将手工纸（奉书纸，一种正面光滑，背面粗糙的纸）反面对折，然后将折痕边与开口处交替粘在一起，最终形成风箱似的形状。纸页黏合后就变为一个两边都是光滑纸面的口袋，双面都能写字，也不必担心墨水洇到背面。

经营这些产品的日本博胜堂，可以制作全部四六版开的经折，最多可以做16折，通过纸张黏合还能继续加长。类似的折本或和装本大多需要手工完成，能制作的装订公司少之又少，若有需要可联系相关的装订公司。

○ 朱印帐

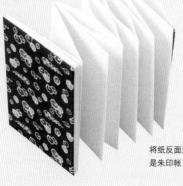

将纸反面对折后，将它们以风琴状连接在一起就是朱印帐，所有书页都是双层的。

○ 经折

将一张细长形状的纸反复正折、反折后（根据自身需要可将多张纸连接在一起），再加上封面，经折本就完成了。（装订：日本博胜堂）

经折的特征就是一张纸反复折成风箱状。上下切口处可以描金。（装订：日本博胜堂）

装订小情报

■ **成本预测**｜手工制作，价格与精装书相等或更贵。

■ **生产规模**｜可批量生产。

■ **下单须知**｜可制作大批量朱印帐和经折的公司很少，交货周期也会比较长。

■ **去哪里做？**｜生产和装本的装订公司。

■ **装订公司举例**｜日本博胜堂。

书帙

在传统线装书或经折本中用来保护书画的封套。
它和书的函套类似，起到保护内部书籍的作用。

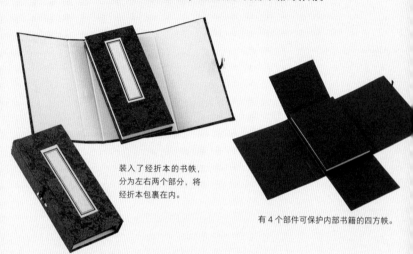

装入了经折本的书帙，
分为左右两个部分，将
经折本包裹在内。

有 4 个部件可保护内部书籍的四方帙。

书帙主要用于保护线装书，通常会用布料或者强韧的纸张来包裹用作芯材的纸板。一般情况下，芯材和其他部分是分开的，不过最近也有装订公司会在原本的折痕处进行 V 字切割，仅用一个部件就能完成制作。包裹芯材的材料通常为布料之类的编织物。如果选择用纸张的话，那么对纸张的牢固度就有较高的要求。因为拿取书本时需要反复开关书帙，用纸制作书帙的话很可能会导致纸张在使用中破裂。

书帙有很多种：分为左右两部分将书包裹起来的款式，四方帙和看起来像是将四方帙旋转 45°后的包袱状燕岳帙等等。

装订小情报

■ **成本预测** | 基本上为全手工制作，价格较高。

■ **生产规模** | 可小批量生产。若需求量大，则花费的时间较长。

■ **装订公司举例** | 日本博胜堂。

第 **7** 章

书口加工

书口斜切

通过将书口斜切的方式，使印刷在笔记本或
小册子书口上的图案能更好地呈现出来。
堆叠在一起的纸张被斜切之后，也更方便人们翻页。

○ 将切口切割为各种形状

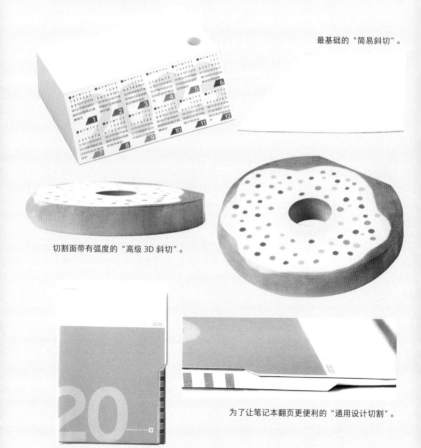

最基础的"简易斜切"。

切割面带有弧度的"高级 3D 斜切"。

为了让笔记本翻页更便利的"通用设计切割"。

书口斜切是指用特殊的机器将上过胶的一沓纸以一定角度倾斜切割的加工技术。将书口切割出角度，或是将它们立体切割成圆形或异形截面已经足以令人叹为观止了，但现在的装订公司还可以在切面上进行印刷，直到最后一页图案还能清晰可见。

书口斜切有好几种断面形状可供选择。最基础的就是直线型的，也就是"简易斜切"，这种书口斜切的角度在 10°至 90°之间。厚度在 50mm 内的笔记本都能通过机械生产，短时间内就能完成大批量、低成本的订单制作。切面的倾斜部分带有凹凸形状的是"3D 切割"。在凹凸形状的基础上还能进行圆形切割的被称为"高级 3D 切割"。高级 3D 切割能做到上下左右全方位加工，甚至能让产品呈现甜甜圈一般的外形。而且弧形表面的触感也很好。

除此之外，还有一种"通用设计切割"，可以将笔记本的书口从多个方向进行切割，方便翻页。重叠的纸张被切割成一定角度后可以更好地翻阅。如果在裁切部分进行印刷的话，就能使图案出现在横截面上，制作出具有实用性和装饰性的切口，使书本拥有丰富的表现力。

装订小情报

■ **成本预测** ┃ 由于采用独有的加工工艺，装订成本相对较高，且根据书口斜切形状的不同，价格也会有较大差异。

■ **生产规模** ┃ 可批量生产。

■ **下单须知** ┃ 书口斜切对书本的厚度有要求，否则有可能会影响产品的最终效果。3D 切割、高级 3D 切割需要书本的厚度范围为 10~20mm。但简易斜切对厚度没有要求，最厚可以做到 50mm。需要注意的是，书口可见的图案在简易斜切时会被拉长，而在 3D 切割或高级 3D 切割时可能会有扭曲。若对书口图案的精度有要求，则需要选择特定的纸张（若对精度无特殊要求，则可以使用厚纸以外的所有纸）。

■ **去哪里做?** ┃ 这是日本大成美术印刷的专利技术。

■ **装订公司举例** ┃ 日本大成美术印刷。

书口加工

书口涂装

在书籍或小册子的截面，也就是书口部分涂上颜色。

涂装的方法有很多，如果是自动化喷涂，

可以很快给有书脊的书籍上色。

当人们想对书口进行装饰时，首先想到的总是书口涂装。给书本的截面上色的方法多种多样。可以手工用刷子上色，也可以用机器进行自动化喷涂。

日本本间制本拥有一条自动化书口涂装线。将装订好的书籍书口朝上排列在传送带上，传送带会进入一个小箱子，箱内有一个类似洒水器的小物件在上方转动，将颜料喷涂到书口上面。

由于加工流程的局限性，如果书本尺寸过大，那么很有可能上下切口靠近外切口的部分会比较难上色。因此可进行喷涂的书本最大尺寸为 A5。如果是喷涂浓淡不均、不太明显的颜色，能够加工的最大尺寸为 B5，最小尺寸为 A6。

○ 有 16 种基本色

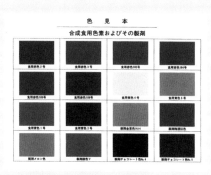

日本本间制本的书口涂装共有 16 种基本色。

日本本间制本的产品一览。

170

日本本间制本的书口涂装共有16种基本色可选。若想选择其他颜色，需要提前进行沟通。

因为涂料无法很好地附着在铜版纸上，所以内页为铜版纸的书很难进行涂装。此外，如果内页有弯折等情况会导致喷涂不平整，影响涂装效果。内页纸质越好，效果就会越好。

○ 精装书与平装书都适用
自动化喷涂

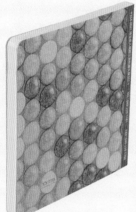

（右图）精装书需在封面装订前进行书口涂装。
（左图）平装书可在封面装订后喷涂。若纸质容易浸染涂料，需注意封面的书脊也可能会渗出颜色。

装订小情报

■ **生产规模** | 自动化喷涂在一定程度上适合大规模生产。

■ **下单须知** | 内页如果是铜版纸的话，不好上颜色。有些纸张种类会让颜料渗入书芯中间。在对贴好封面的平装书进行喷涂时，封面一般会选择不易染色的纸，或者贴上 PP 膜。

■ **装订公司举例** | 日本本间制本。

书
口
加
工

书口磨色

在书籍的书口处用染料进行涂色的工艺被称为"书口涂装"。

而书口磨色则是对裁切面进行进一步的打磨的步骤，

使颜色更加鲜亮，书更具高级感。

○ 书口涂装后，用玛瑙进行打磨，使颜色更加鲜亮

经过书口磨色后的手账。书口富有光泽，更具高级感。染料颜色可以根据样本册的样例进行挑选，与装订公司商讨后也可以定制颜色。

经过书口磨色后的笔记本。如上图所示，平装书可以排列在一起同时进行磨色处理，但这样很容易弄脏封面，因此最好在加工完成后再包上封面比较好。

书口磨色的过程。在机器的一个类似老虎钳的位置，一次性可以摆上几十本书，拧紧后就能用玛瑙同时打磨截面了。

有时人们会在全年使用的手账的书口涂上颜料，也就是书口涂装，或是进行书口刷金来保护书芯，也能使本子上的污渍不易被人察觉。这不仅考虑到功能性，也考虑了装饰性。经过书口涂装的本子会显得更加有吸引力，也更好看。此外，书口磨色的工艺可以将书口进行进一步抛光，让颜色显得更艳丽、书口更美观。

首先，工人会将几十本已经被裁切过的书芯（不包封面）放在一个类似老虎钳的装置中并拧紧，然后用刷子在书口上涂上染料。上完色后，书本会被放入用来磨色的机器里，用玛瑙来抛光。这样就能获得一个平滑而有光泽的横截面。选择使用玛瑙是因为它的硬度比较适合用来抛光。这种工艺可以用于塑料封面的手账或笔记本，也可用于平装书和精装书。不过在手工上色的过程中，封面难免会被弄脏，因此工人可以在磨色加工后再包上封面，或者在加工时遮盖好封面，又或者可以选择与染料相同颜色的封面，使污渍不会那么明显。

磨色过程中使用的石头——玛瑙。
十分坚硬，适合用来抛光。

装订小情报

■ **成本预测** ｜ 因为多了一道磨色的工序，成本比普通的书口涂装要高。

■ **生产规模** ｜ 适合量产。

■ **下单须知** ｜ 由于染料是用刷子刷在书口上的，因此不适合使用容易染色的纸张，或是常用于书籍的再生纸和嵩高纸；同样，此类装订工艺也不适合用于光面铜版纸。选择上质纸或是不易渗色的手账用纸比较好。在染料的选择方面，因为浅色在阳光或是荧光灯下不显色，所以选深色更好。如果您想进行书口磨色，需要在装订前说明。

■ **装订公司举例** ｜ 日本新寿堂。

书口加工

水转印

将如同大理石般美丽的图案复制到纸上的"水转印技术"。

这种技术最开始用在书口作装饰，是为了防止账簿造假。

○ 将浮在水面的图案转移到书口处

在水中掺入蒟蒻胶、海萝胶或是卡拉胶之类的增稠剂（根据具体季节或是价格来选择），再将掺有少量牛胆汁的丙烯颜料滴在水面上形成图案。再将水面的图案转移到书的切口处。方脊的书芯在水转印过后会做成圆脊的书。（装订和加工：日本恩田制本所）

水转印使用的一般是岩画颜料这种不亲水的绘画材料。日本恩田制本所使用的是丙烯颜料，因此可以画出荧光色或者金银之类的图案。将少量牛胆汁混进颜料里，然后用事先准备好的刷子蘸取颜料，弹动刷子，使颜料掉落在水面上，然后使用竹签或是特制的梳子状的工具绘制图案。

不同的图案示例。使用的颜色不同、颜色数量的多少、颜料落在水面的形状、竹签等工具摆弄颜料的不同方式等都会影响最后创造出来的图案，图案是多种多样的。

切口处的图案像大理石的花纹一样，充满着古典美。这就是"水转印"，一种在书本书口绘制图案的工艺。

水转印需要先将（蒟蒻胶、海萝胶或是卡拉胶之类的）增稠剂溶解于水，再将不亲水的丙烯颜料滴落在水面，使用竹签或是特制的梳子状的工具绘制出如大理石般复杂的图案，最后再转印到纸上。

其实早在中世纪的欧洲，水转印技术就已经应用于环衬等书籍的装饰纸上了，后来为了防止账簿造假，水转印被用于书口。在账簿的切口处添上花纹，哪怕只少了一页，图案也会显得十分不协调，这样一来，就能防止账簿造假。不过，由于其外形美观，现在对水转印的使用多出于装饰目的，高级笔记本的切口处通常都会有水转印图案。

水转印装订的主要工艺流程如下：将完成书脊加固、书口裁切的方脊书芯，按照先外切口再切上下切口的顺序进行水转印。晾干后，如需制作圆脊书，就将书脊改为圆脊，然后包上封面，做成精装书。

如砖形便签那种易撕胶装本也能进行水转印。如果是平装书，在转印过程中很可能会弄脏封面，因此加工后需要再次包上封面。

有关水转印的详细加工步骤，可以参照第182页开始的"您了解账簿装订吗？"一文。

装订小情报

■ **成本预测** | 100 册的价格在 3 万~5 万日元不等（约人民币 1500~2500 元）。

■ **生产规模** | 手工制作，适合小批量生产。

■ **下单须知** | 在对精装书进行水转印时，如果只需要水转印而不需要其他装订步骤，需要交付已完成书脊加固、书口裁切的书芯。有些纸张不适合进行水转印，因此在正式加工前必须先在实际使用的纸张上进行测试。

■ **去哪里做？** | 可以手工制作精装书的公司。但是，掌握水转印技术的公司不多。

■ **装订公司举例** | 日本恩田制本所。

书口加工

书口刷金、书口刷银

书口刷金 / 银的处理不仅使书籍具有不容易忽视的存在感与奢华感，

还能起到保护书芯的作用，

也可以在已经完成的平装书之类的书籍上进行加工。

图中为书口刷金后
的书脊，从上到下的顺序，分别
是正金色、金属金、金属银。（装订和加工：日本
星共社）

即使是做过圆角处理的书芯也能
完美地上色。

在书口处贴上金箔或银箔就是所谓的"书口刷金、书口刷银"。它常用于圣经或是手账这类需要反复开合使用的重要的书本，不仅能增强书本的存在感、增添高级感，还能保护书芯。这种装订工艺也适用于需要长期保存的书籍。

这种工艺可以由人工加工，也能通过机械加工。

目前比较主流的是通过机器进行刷金加工，利用电化铝工艺，直接把成卷的金属箔（金、银等）热压到书口上。这首先需要准备好已经串线后做了临时固定和书口裁切的书芯，或

是将已经完工的平装书放到自动刷金机器上，先研磨书口，然后再将胶水用滚刷均匀涂抹，一次一面为书口刷金。如果有圆角镀金机，即使是经过圆角处理的书芯，也可以涂出漂亮的金色。

装订小情报

■ **成本预测** | 如果使用彩色金属箔，100册书（厚度在 10mm 以下，不包含装订和纸张费用）仅加工费大概需要 5 万日元（约人民币 2500 元）。

■ **生产规模** | 都可以，但小批量生产的单价会更高。

■ **装订公司举例** | 日本新日本纸工。

书口多色箔

在书籍的书口处不仅能进行书口刷金，
还可使用其他颜色的箔纸。

日本新日本纸工可以采用彩色金属箔或全息箔对切口进行加工。

不同的切口可以使用不同的烫印箔。

在书籍的书口——书顶、书根和外切口处刷金或刷银（参照第176页）十分常见。但实际上，除了金银箔以外，还有许多其他类型的烫印箔也可以用于书口的装订。装订方法与书口刷金相同：如果是精装书，需要使用未包封面的书芯来进行加工；如果是平装书，就需要用锉刀将已经书口裁切后的书打磨加工，保证书口的平整光滑。然后再将箔纸热压到书口上。图中所示产品属于日本仙台的一个装订公司——新日本纸工，该公司可以使用彩色金属箔或全息箔对书口进行加工。另外，书口贴箔一次只贴一边，因此能做到每一边的图案都不一样。

（ 装订小情报 ）

■ **成本预测** | 如果使用彩色金属箔，100本书（厚度在10mm以下，不包含装订和纸张费用）仅加工费大概需要5.5万日元（约人民币2700元）。

■ **生产规模** | 都可以，但小批量生产的单价会更高。

■ **装订公司举例** | 日本新日本纸工。

书口加工

书口移印

字典的切口处常见的"あ、か、さ"等日语五十音[1]，
看起来似乎像是直接印刷上去的，
实际上大多是用"移印"的工艺移印上去的。

移印属于凹版印刷的一种。这种印刷方法是将油墨填充到通过腐蚀或是蚀刻的方式制成的凹槽（图案区域）中，在柔软的硅胶垫上先转印一次，然后再将硅胶垫压在对象物品上完成图案的转印。硅胶垫柔软而富有弹性，即使要印刷的物体是高尔夫球或圆珠笔这种表面有弧度或不平整的东西，它也能贴合形状并转印图案。而书本的书口也不是完全平整的，移印正好可以和凹凸不平的表面完美契合。也正是因为这一点，制作字典的装订公司通常都有移印设备。

一般情况下，书口移印都是像字典那样，印刷类似于目录索引的内容，基本不会将整个书口都印上图案，但移印也可以做插图、图案或者其他花纹的转印。完成基本的装订工序后，就能将装订好的书放到移印机上印刷图案。不过，即使经过裁切，切口处还是会凹凸不平，因此一些十分细节的图案可能做不到完美再现。

另外，大部分能给书籍做移印的公司拥有的移印机都是单色移印机，如果需要移印的图案颜色一多，就必须根据颜色的数量多次印刷，这样一来就容易发生套色错误。因此印刷图案最好设计成即使套色错误也不会产生什么影响的花纹，这样才能更好地做出成品。

印刷所用图案可以根据 DIC 色卡来挑选并制定。不过由于纸质的不同，再加上转印图案不一定能完整地印刷到切口上等不确定因素，装订公司也不能保证可以完全满足客户对颜色的指定要求。

---

1 译注：类似中国的辞典侧面用于索引的拼音首字母 A、B、C 等。

○ 柔软的硅胶垫适合用来
做书口移印

图例为双色书口移印。除图中所示图案，装订公司还能印刷其他不同的插图等花样（但过于细致的部分可能无法呈现）。（装订和加工：日本图书印刷）

日本图书印刷的移印机。照片展示的是在凹版上涂上油墨后，用硅胶移印头将凹版的油墨蘸到硅胶上的过程。等移印头抬起，再压到书的切口上，图案就转移到切口处了。

（ 装订小情报 ）

■ **成本预测** | 以对 B5 大小的书进行书口移印举例，制作 1 万册左右的话，单册成本大概是几十日元。但移印所需的印版还需要另付几万日元。

■ **生产规模** | 可以量产。理论上最少甚至能只做 1 册书，但如果订单量不大，费用需要根据机器台数来计算。

■ **下单须知** | 因为是在纸的裁切面上进行的印刷，过于细致的图案较难呈现。另外，多色移印中可能会出现图案错位的情况，即使是单色移印，因为不是在平整的纸面上印刷，所以图案多少都是会有些错位的。

■ **去哪里做？** | 字典的制作公司，或有移印设备的装订公司。

■ **装订公司举例** | 日本图书印刷。

書口加工

书口喷墨打印

过去人们如果想在书口处印刷图案，
就只有移印这一种方法，但移印没法印刷精细的图案。
现在有了喷墨印花技术，
就能打印出以前无法完成的精细图案！

○ 精细的打印图案

为了更好地展示书口的图案，我们把护封拿走看看。

书口处的打印效果。

书本的书口都能进行打印。即使是颜色丰富的精细图案也不在话下。

在过去，人们想要在书口都印上美观的图案时，只能选择移印或是丝网印刷。移印法常见于字典侧面的索引印刷，这种方法也沿用至今：鱼饼状的硅胶软垫蘸上金属制的凹版上的油墨，然后再转印到书口上。但这种方式不适合印刷太精细的图案。虽然可以进行多色印刷，但出现套色错误的可能性很高。若需要对砖形便签的侧面进行多色印刷，人们大多数时候会选择丝网印刷。这种工艺基本上都是手工制作，也不能保证图案的精细程度。

但日本 DAIGO 装订公司的喷墨打印，可以在书口处打印出非常精细、色彩丰富的图案。将待加工的书口朝上摆好，然后从上方喷出墨水进行打印。最小可以做 60mm×100mm（横款、竖款不限），最大可以做到 B6 大小。书本厚度在 1~450mm 之间都能打印。若要进行书口喷墨打印，用纸最好是上质纸之类的非涂布纸。高光纸或铜版纸之类的涂布纸容易渗墨，所以不适合这种工艺。在实际装订书籍之前，必须和日本 DAIGO 装订公司或能够制作书口喷墨的公司事先讨论并且商定书籍所用纸质以及合适的尺寸等。

(装订小情报)

■ **生产规模** | 如果不考虑利润，最少可以 1 册书起做。如果时间充足，无论多少册都能生产。

■ **下单须知** | 图案所用稿需要用 Adobe Illustrator。书本和砖形便签之类的各种书口都能进行喷墨打印，但像一笔笺这种装订区域较大、厚度不均匀的本子，打印效果可能就没那么好，油墨甚至可能会渗入纸张内部。

■ **装订公司举例** | 日本 DAIGO 装订公司。

书口加工

您了解
账簿装订吗？

这本圆脊精装书不仅配有拼接封面和书角（布角），

还在书口处进行了水转印加工。

这本精美的本子，使用自日本明治时代以来延续至今的

传统书籍装订工艺——账簿装订。

这种装订工艺的大部分工序都是手工完成的，

包括准备工作在内，步骤多达 150 多个。

账簿装订究竟是怎么一回事呢？

就让创立于日本大正十二年（1923 年）的恩田制本所的

第三代传承人——恩田则保来为我们介绍吧。

日本恩田制本所｜恩田则保

是日本东京江东区的装订公司恩田制本所的第三代传承人。出生于 1964 年。高中毕业后，正式开始跟随做账簿装订手艺人的祖父学习装订。后因装订工作的订单减少，他曾进入其他装订公司以及印刷公司工作。大约 20 年前重拾了账簿装订的工作，自己准备材料，制作道具，一直坚持到现在。

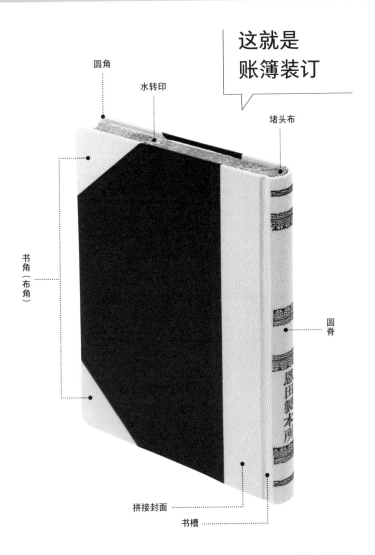

这就是
账簿装订

圆角

水转印

堵头布

书角〔布角〕

圆脊

拼接封面

书槽

恩田製本所

恩田则保所做的账簿装订。圆脊精装书，配有拼接封面、书角（布角）和经过圆角处理的封面。书口处还有水转印花纹。书脊处使用活字印刷（在明治时代，大部分的书脊和书角都是皮制的，并搭配烫印的文字）。如此精美的账簿装订究竟是如何制作的呢？接下来，让我们一起来看看它的制作过程吧。

经过 150 道工序制作而成

活跃在一线的工匠寥寥无几

账簿装订是一种用于制作账簿的装订工艺，如记录收支明细的账本、存款账簿等。明治初期，印书局（现日本国立印刷局）雇佣的英国装订技师 W.F. 帕特森（W.F. Paterson）将西式账簿的装订工艺传入日本，取代了使用日本传统手工纸制作的大福账和褂取账等账本样式。随着越来越多的公共机构以及私人公司开始使用西式账簿，到明治二十年（1887 年）前后，进行账簿装订的工坊也越来越多，并在昭和二十至三十年间（20 世纪 40 至50 年代）达到顶峰，他们制作了大量的账簿。

恩田制本所，是由现任公司代表恩田则保的祖父恩田保于大正十二年（1923 年）创立的装订公司。当时十分流行手工制作的账簿装订。恩田很喜欢看祖父装订账簿，小时候就泡在工作室里仔细观看。不过，当公司传到恩田的父亲恩田让这一

代时，业界主流已经转为机械生产，于是他的父亲也引进了一台装订机，以装订笔记本等文具为主。恩田也曾在其他装订公司和印刷公司工作过，但当他年过而立之时，他发现几乎没什么公司会做账簿装订了，而能做账簿装订的工匠也都是些老人，如此下去，账簿装订这个工艺将会不复存在。之后，他就拼命努力，向自己的祖父以及祖父那一辈的老人、他们的弟子们请教，学习如何制作账簿装订。因为装订所需的材料和道具已经很难买到了，恩田就在网上搜索替代品，也会自己制作装订工具，新拾起了自父亲那代起就已经停止的账簿装订生意。这些已经是 20 年前的事了，如今，包括恩田在内，他的公司一共有 3 名（昭和初期，仅东京都内就曾有约 140 名）可以制作账簿装订的工匠。

追求坚固耐用，开合度好的装订

那么，账簿装订到底是什么样

的呢？相信从书的外观上，我们不难看出它的装订工艺非常讲究。

"如果算上材料准备等细节方面的工作，总共约有 150 道工序，大概是普通精装书工作量的 3 倍。我花了大约 15 年的时间学习所有的知识，包括如何使用不同的胶水，以及使用的不同毛刷之间的区别。"

150 道工序，这工程量非比寻常，什么装订工艺需要如此繁复的步骤？

"账簿装订的工艺，直到昭和三十年（20 世纪 50 年代）为止，都还是一整套完整的流程。包括书口的水转印在内，账簿必须以固定方式进行装订和排版。"

而在讲究严格的步骤标准之前，账簿最重要的追求，就是"耐用性"和"易于翻阅"。因为账簿是用来记账的，如果不能完全平摊开，那么使用起来就不够方便。但是，一本账簿每一天都得多次开合记账，而且至少要保存 30 年，这对耐用性就有很高的要求。其实对装订而言，"开合方便"与"坚固耐用"是矛盾的，而在这两个词之中不断追求融合直至极致的就是账簿装订。

另外，"防篡改"这个需求也十分重要。正因如此，账簿在装订中强制要求使用水转印，这样一来，一旦账簿少了一页，图案就会显得十分不协调。而且，因为水转印是手工制作，每次调出来的图案都不一样，也就不存在完全相同两本账簿。在过去人们根据水转印的图案，就能知道这本账簿是由哪个装订公司的工匠制作的了。

"我祖父用的是我祖母那边的商号'铃木'。铃木常用红、蓝、黄 3 种颜色来做水转印，它的特点就是黄色最浓。"

如果说真的有假账本，那么通过水转印的图案就能知道制作工匠是谁，再拿着账本去装订公司，就能问出是谁制作的账簿了。这也是一种安全保障。而且这类账簿的产量并不大，是靠手工制作的。

在账簿已经数字化的今天，装订账簿的需求已经几乎没有了（部分老客户仍有需求，如行政机关、医院、学校、公司等）。恩田除了账簿装订之外，平常还会做合订本装订、手账装订，以及手工装订特殊工艺的高级书本。

秉持着"为了让人们更多地了解账簿装订工艺"的信念，恩田开办了水转印体验工房，亲自制作水转印工艺的高级笔记本，并在爱书人士聚集的咖啡馆进行出售。

"虽然这种装订工艺很耗费时间，但如果一个人能完成账簿装订的话，那么任何手工装订他就都能做好了。总而言之，我不希望这个手艺失传。"

如今，恩田工作的动力就是要将这种经历了日本明治、大正、昭和时代的传统的装订方式，传承给下一代。

道具

在进行账簿装订时，会用到很多材料（部件）。
当然，所有的材料和道具也都是手工制作的。

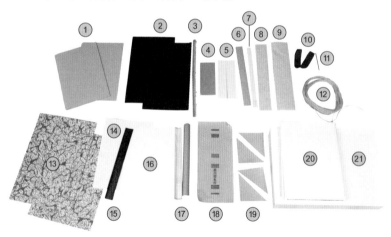

①封面用纸板 ②平布 ③堵头布 ④浮纸 ⑤弹片 ⑥贴背纸 ⑦细川纸 ⑧贴书脊用的和纸 ⑨上浆纱布 ⑩道皮 ⑪针 ⑫簿记线（麻）⑬水转印环衬 ⑭环衬（需要和封面完全贴合）⑮订口布 ⑯环衬（和书芯粘贴）⑰背衬（右边的就原样使用，左边是卷起来加固过的，左边的那种只需要一根）⑱书脊布（已印字）⑲书角（布角）⑳对折后的书芯 ㉑书芯

账簿装订的制作过程

① 折叠书芯

正反两种书芯原料纸各取 2 张，一共 4 张，裁切后用于制作书芯。取其中 7~9 张，叠好后对折。这种折法被称为 Kusari。因为需要反复折叠多张 32 开，90kg 的账簿用纸，这一步也是个力气活，因此也会使用一种名为 Holen 的牛骨制刮尺来辅助折叠。

② 开孔

将书芯放在加工台上（俗称蜻蜓）夹住固定，用锯子锯开书脊，开之后缝纫用的孔（因为装订使用的针头并不尖，所以必须先开孔）右上角是开孔后的书芯。

③ 制作环衬

淀粉胶与少许造纸黏合剂混合，用刷子将胶涂满整个订口布背面，将环衬和订口布粘在一起。

④ 贴细川纸

在书芯第一和最后一帖的书帖上贴上细川纸（宽 2cm）。

⑤ 串线

用账簿线（黄色的麻线）穿过之前开好的孔，将对折后的书帖一份一份缝起来。书脊处则要缝入道皮（布条，过去曾使用河豚皮等其他材料）。为了保证结构牢固，在串线时需要使用粗线，并用力将线拉到最紧。这种方式可以提高书的牢固度。32 开，90kg 的纸有一定的厚度，7~9 张这样的内页叠在一起缝制，可以防止用力拉线时出现纸张撕裂的情况。最后就是添加环衬。缝上环衬的时候，可以在订口布的部分故意留出装饰线，这是手工缝制的证明。

⑥ 固定书脊（临时）

书帖串线固定后，先不进行压平，而是在书脊处上胶，进行临时固定，方便之后制作圆脊。不进行压平是为了保证胶水能渗透进每一帖之间。

⑦ 书口裁切

将书口裁切平整。

⑧ 水转印

在名为"舟"的容器中倒入混合了增稠剂的水，然后倒入（滴了几滴牛胆汁的）丙烯颜料，制作出水转印的图案，最后将其转印到书的切口上。如果环衬需要做成相同的图案，需要用同样的方法将图案复制到平版纸上。实际上"混合了增稠剂的水"的准备十分复杂（需要根据气温和湿度的变化改变增稠剂的种类。增稠剂的成分不同，混合的方式和所需的时间也就不同）。①先用刷毛分开的刷子蘸上颜料，将颜料弹到水面上。②完成第一步后，再用细竹签以"先左右后上下"的顺序拨动颜料。③最后用梳子（一种外形像梳子一样的，在木头上缠着钢琴线的工具）从后往前梳，水转印的图案就大致完成了。想做的图案不同，使用的梳子类型也不一样。④贴着水面将书芯缓缓浸入，沾上颜料。⑤要将书口的图案顺利连接起来十分困难。如果是不怎么熟练的工匠，在完成上下切口的水转印后，需要等颜料干燥，再做一次一样的图案，然后完成外切口处的水转印（必须在同一天内）。但是恩田能一次性完成三面的水转印，真是厉害！

↓

⑨ 制作圆脊

待水转印的图案干燥后，将书芯放在地板上，抓住三分之二到四分之三的位置开始扒圆，并用脚抵住，然后用锤子敲打书脊，让书脊有弧度。另一侧也是相同的做法。书耳会让账簿的开合度变差，因此账簿装订中不会做书耳。

⑩ 书脊固定（书本固定）

在书脊处粘贴材料，增强书脊牢固度，也起到固定书本的作用。①在书脊上涂上黏合剂，然后贴上用作卷背纸的和纸，起到类似于合页的作用。②将裁短弄圆后的堵头布贴在书脊的两端。③贴背纸。可以使用牛皮纸、上质纸等吸水的非涂布纸。

↓

⑪ 贴弹片

在道皮的内侧上胶，然后贴上短而厚的名为"弹片"的纸片（必须反向贴）。弹片是账簿装订中特有的材料。恩田表示"弹片到底起到了什么作用还不得而知，我猜想也许和账簿的开合度是有关的"。

⑫ 贴上浆纱布

在书脊处贴上上浆纱布，然后在弹片的侧面剪开一条缝，这样弹片就会受压翘起来。

↙

⑬ 贴浮纸

完成书脊固定（书本固定）后，需要在书脊处贴上"浮纸"。浮纸短于书本的高度，只要能盖住道皮就行。不需要在书脊上涂抹胶水，胶水只要在浮纸的左右两头，也就是和道皮或者弹片相交的部位涂抹就好。

⑭ 贴背衬

在书脊上粘贴背衬。背衬并不是贴在书脊，而是贴在浮纸上的。也就是说，由于浮纸的存在，背衬并不是直接粘贴在书芯上，而是浮在书脊上，这使账簿可以更好地翻开。

利用空闲时间准备封面吧！

利用空闲时间来进行制作封面的准备工作。

当然，所有的材料和道具也都是手工制作的。

① 制作封面用的芯材

封面用的芯材用三张纸对裱。为了防止封面翘起，三张纸按照正、反、正的顺序粘贴。此外，如图中所示，中间一层的纸板其实是用多余的材料制成的，因为这样会比粘贴整张纸更加牢固。纸张黏合后，经过机器压平，待晾干后需要再压一次。因为这一步骤很耗费时间，一般都是在空闲的时候，比如订单较少的夏天，事先做好的。

② 制作背衬

账簿的书脊处有一块半圆形的薄荷兰板，正因如此，即使内页180°翻开，书书脊也不会变形。图中为制作背衬的机器。机器分为上下两部分，中间的部分可以加热纸板并压制背衬。

⑮ 贴芯材（贴封面）

根据所需尺寸，提前切割好封面，将封面靠近切口的两端加工为圆角后，用胶水粘贴在道皮上。道皮、弹片和封面的芯材连为一体。这样一来，账簿就无法只包一张封面，而是选用拼接封面。

⑯ 贴书脊布

在已经用活版印刷好标题的书脊布背面刷上胶水，然后贴在背衬上。再用镊子将上下边缘整理好。

⑰ 压临时书槽

将账簿放入加热后的压槽机，压出临时的书槽。

⑱ 贴书角

在书角背面上胶，对齐书本的四个角后粘贴上去。因为封面是圆角，为了让书角粘贴得平整，可以使用镊子抚平皱褶。恩田称这一步骤为"包饺子"！

⑲ 贴平布

裁切并粘贴平布。平布的尺寸大概是能与书脊布和书角微微重合的程度。

⑳ 贴环衬

上方的照片就是贴完平布后账簿的样子。将封面内侧和环衬背面全部涂满胶水，牢牢粘上。弹片的两面也都需要上胶，和环衬、封面黏合。

㉑ 压平

用机器施压，用力压平账簿。

㉒ 压槽

用加热后的压槽机压出书槽。

终于完成了！装订好的账簿中有各种各样看不见的材料起到了加固作用，让账簿更加结实耐用。

背衬使圆脊十分美观，书口是水转印图案。

连订口都能完美打开至180°，十分便于书写。

怎样才能一睹账簿制本技术的风采？

文房堂 复刻版 笔记本

位于东京神保町的老字号画材店文房堂复刻了明治二十三年（1890年）制作贩卖的笔记本，现了100多年前的笔记本的设计、装订工艺和品质。左图的笔记本由恩田制本所完成装订。封面有两款，图片中展示的是其中一种"燕子"。布艺封面、手工缝制的书芯、封面与环衬的完美贴合，都体现着账簿装订的技术。也可通过网络购买。

十分考究的手工缝制

附录① | 根据用途分类

○ 使用厚纸或纸板来做书芯的 装订工艺

关联书籍推荐

《书艺问道》上海人民美术出版社

《书籍设计》上海人民美术出版社

《书籍设计》中国青年出版社

《欧洲古典装帧工艺》中国青年出版社

《做书》浙江人民美术出版社

《做书这件事》北京联合出版公司

《造书》译林出版社

《装订考》中信出版集团

附录② | 装订术语表

封面 又称封皮、书皮，起到保护书页的作用。封面包括封一、封二、封三、封四和书脊部分，封面是上述各部分的总称。

封一 指封面的正面，通常印有书名、作译者、出版社名称等。

封二 又叫封里，即封一的背面，一般都是空白页。

封三 又叫底封里，即封四的背面。

封四 又叫封底或底封，是书的最后一面，与封一相连（裸脊装等装订的情况下，封一和封四是不相连的）。通常在封四的右下角印有书号和定价。

书脊 又叫书背或封脊，是书的脊背部分，连接在封一与封四之间，书脊印有数名、作译者名、出版社名称等。

护封 又叫包封，加在封面外层的保护纸。精装本用得比较多，平装书也会用。为了起到保护封面和装饰的作用，一般印有书名和图案。也有采用塑料薄膜做护封的。

勒口 又叫折口、飘口等。平装书封一和封四或精装书的护封外切口处多留部分空白向内折叠，有时会在勒口处印内容摘要、作者介绍或其他图书关联信息。

上切口 又叫天头、书顶，指书的上边切口。

下切口 又叫地脚、书根，指书的下边切口，与上切口相对。

外切口 订口相对的一边称外切口，也称"切口"。通常上、下、外切口通称为"书口"。由版面到切口的空白处，排版时也叫切口，如切口的距离要留 xx 毫米。

订口 指书芯被装订起来的一边，通常在书脊处。

衬页 衬在封二与扉页之间，以及衬在正文末页与封三之间的空白页。前者称前衬，后者称后衬。有的书前后各有两张连接的衬页，称为连环衬页（环衬）。精装书为了装订都需要使用环衬，用于粘在封二和封三的荷兰板芯材上。环衬有时也会成为书籍设计的要素之一。

书芯 封面、护封、衬页和外加的插页、附录以外，书的其余部分被称为书芯。

扉页 是指封二或衬页后面，正文前面的一页。扉页上印的内容基本上与封一相同，但记载得更详细。

正文（内文） 有两种含义：一种是指主体文章，如一本图书除了封面、目录、前言、后记、索引、附录……之外，由正式文章的第一章开始，称为全书的正文部分，页码从正文开始；另一种是指文章里面的基本文字，如正文字数、正文字体等。

折页 装订制作流程中的步骤之一，在这道工序中，全张纸会被折成书帖。或者，纸张也可直接折叠成成品，成品名也是"折页"。

折手 是指根据印张折叠成书帖时，与出版物页面顺序相符的版式。书帖在口语表述中也称"折手"。

串线 是指将书帖用线一帖一帖串联、固定起来的过程，通常由串线机来完成这一过程。

面 书刊中每一张纸氛围正反两面，面就是指其中的一面，也就是书刊中的一个页码。

页 又称书页，指书刊中的每一张纸，我们称为一页，一页包括正反两个印面。

帖 又称书帖，指全张纸印刷后（印张），按折手方式进行折叠而成的一沓纸，一般是 2 的倍数，通常是 16 面为一帖。

附录③ | 书籍设计小常识

特邀撰写：沈军、杨仕清（上海同昆数码印刷公司）

○ 图书开本尺寸和纸张开切方法

标准全张 787mm × 1092mm
大度全张 889mm × 1194mm

4 开　390mm × 540mm
　　　440mm × 590mm

8 开　270mm × 390mm
　　　295mm × 440mm

12 开　260mm × 270mm
　　　294mm × 295mm

16 开　195mm × 270mm
　　　220mm × 295mm

18 开　180mm × 260mm
　　　197mm × 294mm

20 开　195mm × 216mm
　　　220mm × 236mm

24 开　130mm × 270mm
　　　147mm × 295mm

32 开　135mm × 195mm
　　　147mm × 220mm

36 开　130mm × 180mm
　　　147mm × 197mm

64 开　97mm × 135mm
　　　110mm × 147mm

图书开本（净尺寸）

16 开	188mm × 260mm
18 开	168mm × 252mm
20 开	184mm × 209mm
24 开	168mm × 183mm
32 开	130mm × 184mm
36 开	126mm × 172mm
64 开	92mm × 126mm

○ 折手方式

折手是根据印张折叠成书帖时，与出版物页面顺序相符的版式。

我们在需要印刷书籍时，根据产品总页码数及开本，装订方式，印刷幅面，来确定折手的折页方法。根据折叠方式不同，折页方法有：

① 垂直交叉折

又称转折。将纸平放对折，然后顺时针方向转过一个直角后再对折，依次转折即可得到三折手和四折手（注意，折页时折数最多不能超过四折）。这是最常用的折页方法。

② 平行折

又称滚折，适用于零散单页、畸开、套开等页张，做折手时要根据产品的成品尺寸等确定印刷幅面。又分为双对折、卷筒折、翻身折。

③ 混合折

同一书帖折页时，既采用平行折，又采用垂直交叉折。这种折法多用于6页、9页、双联折等书帖，适合于栅栏式折页机折叠作业。

三折6页书帖的折法：将纸放平，按卷筒折的方法折两折，然后按顺时针方向转90°再对折。

○ 纸张流向的鉴别方法

纸张通常是一卷一卷生产的，顺着生产方向的纸张流向被称为顺纹，垂直方向则被称为逆纹。在用全张纸进行印刷及装订时，需要明确顺纹、逆纹方向，否则会导致书籍翻阅时的舒适度（逆纹装订会导致书籍难以翻阅）。

撕口较直为与纹理平行　撕口偏斜为与纹理垂直

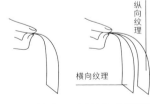

纵向纹理

横向纹理

水平手持纸条，观察容易垂下的纸和不易垂下的纸的区别来鉴别纹理走向

○ 纸张厚度以及中日纸张克重换算方法

纸张有厚薄之分，通常用克重来表示厚度。印刷和造纸行业一般使用一种被称为 GSM(Grams per Square Metre) 的度量标准来衡量纸张的厚度。GSM 是国际纸张的厚度单位，意思是每平方米的克重（g/m^2）。纸张的厚度和重量是成正比的，GSM 越大，说明纸张越厚。

另外，中国的纸张厚度使用的是国际通用标准即（g/m^2）来表示，方式与日本的有所不同，日本纸张的厚度是以 kg 来表示的即每一连纸张（一连纸等于 1000 张）的重量，本书保留原书按 kg 表示纸张厚度的方式。另给出中国克重与日本公斤数换算方法，供读者自行计算。

单张纸克重 = 公斤数 ÷ 单张纸面积（m^2）× 1000 张 ÷1000

例如：32 开，135kg 的铜版纸（铜版纸原纸尺寸为正度：787mm×1092mm）

单张纸克重 =135kg÷（787mm×1092mm）× 1000 张 ÷1000

=135kg÷0.86m^2 ≈ 157g

即 135kg ≈ 157g

如果是其他纸张可以根据这种纸张原纸的尺寸来计算。

○ 白度和松厚度

纸张的白度是指纸张受光照后全面反射的能力，又有纸张亮度之称，用百分率表示。纸张白度是纸张一个重要技术指标，国际上通常把完全反射漫射体（标准白）的白度规定为 100%，即 ISO-100。用纸样与标准样在白度计上比较，反射率小的白度低，即 ISO 值越低白度越低。如：白度值 ISO-98 的纸张白度大于白度值 ISO-95 的纸张。

纸张的松厚度是纸张性能的一个重要指标，它是重量与厚度的比值，表示纸张的疏密程度，即纸张孔隙率的大小，其单位为 cm^3/g。比如，轻型纸松厚度可达 1.90cm^3/g，双胶纸松厚度为 1.14cm^3/g。高松厚度意味着纸板、轻型纸等要求厚度的纸种可以降低纸张重量，而对于复印纸、纸板等要求挺度的纸种可以提高纸张的不透明度、挺度性能。

○ 纸张涂层

涂布纸 (coatedpaper) 是指在原纸上涂上一层涂料，使纸张具有良好的光学性质及印刷性能等。纸张表面涂层能够使纸张改变光泽度（高光、哑光、丝光），并具有防水、防油、耐磨、防折、提高印刷质量等作用。

印刷品的好坏和被印材有很大的关系，而被印材的好坏和原纸、涂层及表面处理都息息相关，因此，选择一款适合印刷机油墨（墨水、碳粉）属性的纸张作为被印材，才是节省成本、提高印刷品质的不二法门。

非涂布纸 (uncoatedpaper) 是指纸张表面没有涂上涂料，墨水易渗入纸张。常用于笔记本等书写纸，或对图像表现力要求不高的印刷品。除笔记本用纸外，还常用于文学书、漫画等。

○ 书籍设计环保理念

书籍设计环保理念主要包括两个方面。一、使用环保纸张，二、印刷过程环保，其中包括了选择环保印刷设备，减少油墨使用等。

纸张的环保性是一个日益受到关注的重要方面。一直以来，从树木中获得的木浆是纸张的主要材料，这种生产模式也增加了森林砍伐，还有生产纸张过程中添加剂和涂层材料的使用，对环境也产生了一定的不利影响。纸张的环保性主要包括三个方面。一、在得到植物纤维的过程中没对植被造成破坏，方法是循环使用经济林。二、在生产纸张的过程中没有对环境造成污染，主要是指在制造过程中没有漂白剂、添加剂、涂布液等对环境有害的化工污水的排放。三、再生纸，使用回收再造的纸张。

附录②③为中文版加增内容，资料来源如下：
郭海根编写《活字排版基础》上海出版印刷公司，1985 年

全书专业名词特邀上海同昆数码印刷公司校对
上海同昆数码印刷公司可实现书中大部分装订方式
咨询可拨打电话：+86 159-0077-0257（微信同号）

图书在版编目 (CIP) 数据

装订图鉴 / 日本《设计的抽屉》编辑部编著；邓楚涵译 .-- 上海：上海人

民美术出版社，2024.11.（设计的口袋书）.--ISBN 978-7-5586-2997-6

I.TS88

中国国家版本馆 CIP 数据核字第 20247Q1N19 号

タイトル：ポケット製本図鑑
著者：デザインのひきだし編集部 編
©2023 Design no hikidashi Editorial Team
This book was first designed and published in Japan in 2021 by Graphic-sha Publishing Co., Ltd.
This Simplified Chinese edition was published in 2024 by Shanghai People's Fine Arts Publishing House
Simplified Chinese translation rights arranged with Graphic-sha Publishing Co., Ltd. through Beijing
Kareka Consultation
Original edition creative staff
Book design: Yosuke Nakanishi, Kotomi Oshita (STUDIO PT.)
Photos: Mitsuru Hirota, Yuka Kani
Illustrations: Shinji Abe
Editing: Akari Yuki, Yuka Imai
Planning & Editing: Junko Tsuda (Graphic-sha Publishing Co., Ltd.)
本书简体中文版由上海人民美术出版社独家出版
版权所有，侵权必究
合同登记号：图字：09-2024-0010

设计新经典 · 设计的口袋书

装订图鉴

编　　著：日本《设计的抽屉》编辑部		本书用纸
译　　者：邓楚涵	护　　封：コニーラップ
责任编辑：丁　雯		（日本竹尾纸张公司）
流程编辑：许梦蕾	内　　封：ゆるチップ桃
特邀审校：沈　军、杨仕清（上海同昆数码印刷公司）		（日本竹尾纸张公司）
封面设计：娜　丁	腰封内页：睿沛书纸
版式设计：牧上研、薄　荷	
字体支持：茉莉字型（封面用字：锦华明朝）	
技术编辑：史　湧	

出版发行：上海人民美术出版社

（地址：上海市闵行区号景路 159 弄 A 座 7F 邮编：201101）

印　　刷：上海中华商务联合印刷有限公司

开　　本：787mm × 1092mm　1/32　印张：6.5

版　　次：2024 年 11 月第 1 版

印　　次：2024 年 11 月第 1 次

书　　号：ISBN978-7-5586-2997-6

定　　价：98.00 元